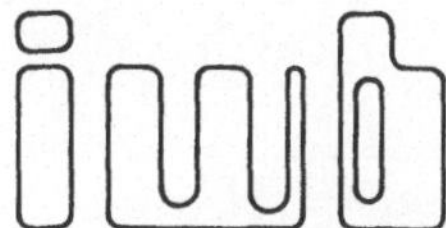

Forschungsberichte · Band 50

**Berichte aus dem
Institut für Werkzeugmaschinen
und Betriebswissenschaften
der Technischen Universität München**

Herausgeber: Prof. Dr.-Ing. J. Milberg

Florian Garnich

Laserbearbeitung mit Robotern

Mit 110 Abbildungen

Springer-Verlag Berlin Heidelberg GmbH

Dipl.-Phys. Florian Garnich
Institut für Werkzeugmaschinen und Betriebswissenschaften (iwb), München

Dr.-Ing. J. Milberg
o. Professor an der Technischen Universität München
Institut für Werkzeugmaschinen und Betriebswissenschaften (iwb), München

D 91

ISBN 978-3-540-55513-1   ISBN 978-3-662-08265-2 (eBook)
DOI 10.1007/978-3-662-08265-2

Das Werk ist urheberrechtlich geschützt. Die dadurch begründeten Rechte, insbesondere die der Übersetzung, des Nachdrucks, der Entnahme von Abbildungen, der Funk-
sendung, der Wiedergabe auf photomechanischem oder ähnlichem Wege und der
Speicherung in Datenverarbeitungsanlagen bleiben, auch bei nur auszugsweiser Verwendung, vorbehalten. Die Vergütungsansprüche des § 54, Abs. 2 UrhG werden durch
die „Verwertungsgesellschaft Wort", München, wahrgenommen.

© Springer-Verlag Berlin Heidelberg 1992
Ursprünglich erschienin bei Springer-Verlag Berlin Heidelberg New York 1992

Die Wiedergabe von Gebrauchsnamen, Handelsnamen, Warenbezeichnungen usw. in
diesem Werk berechtigt auch ohne besondere Kennzeichnung nicht zu der Annahme,
daß solche Namen im Sinne der Warenzeichen- oder Markenschutz-Gesetzgebung als
frei zu betrachten wären und daher von jedermann benutzt werden dürften.

Gesamtherstellung: Hieronymus Buchreproduktions GmbH, München
2362/3020-543210

Geleitwort des Herausgebers

Die Verbesserung der Fertigungsmaschinen, der Fertigungsverfahren und der Fertigungsorganisation im Hinblick auf die Steigerung der Produktivität und die Verringerung der Fertigungskosten ist eine ständige Aufgabe der Produktionstechnik. Die Situation in der Produktionstechnik ist durch abnehmende Fertigungslosgrößen und zunehmende Personalkosten sowie durch eine unzureichende Nutzung der Produktionsanlagen geprägt. Neben den Forderungen nach einer Verbesserung von Mengenleistung und Arbeitsgenauigkeit gewinnt die Steigerung der Flexibilität von Fertigungsmaschinen und Fertigungsabläufen immer mehr an Bedeutung. In zunehmendem Maße werden Programme, Einrichtungen und Anlagen für rechnergestützte und flexibel automatisierte Produktionsabläufe entwickelt.

Ziel der Forschungsarbeiten am Institut für Werkzeugmaschinen und Betriebswissenschaften der Technischen Universität München (iwb) ist die weitere Verbesserung der Fertigungsmittel und Fertigungsverfahren im Hinblick auf eine Optimierung der Arbeitsgenauigkeit und Mengenleistung der Fertigungssysteme. Dabei stehen Fragen der anforderungsgerechten Maschinenauslegung sowie der optimalen Prozeßführung im Vordergrund. Ein weiterer Schwerpunkt ist die Entwicklung fortgeschrittener Produktionsstrukturen und die Erarbeitung von Konzepten für die Automatisierung des Auftragsdurchlaufs. Das Ziel ist eine Integration der technischen Auftragsabwicklung von der Konstruktion bis zur Montage.

Die im Rahmen dieser Buchreihe erscheinenden Bände stammen thematisch aus den Forschungsbereichen des iwb: Fertigungsverfahren, Werkzeugmaschinen, Fertigungs- und Montageautomatisierung, Betriebsplanung sowie Steuerungstechnik und Informationsverarbeitung. In ihnen werden neue Ergebnisse und Erkenntnisse aus der praxisnahen Forschung des iwb veröffentlicht. Diese Buchreihe soll dazu beitragen, den Wissenstransfer zwischen dem Hochschulbereich und dem Anwender in der Praxis zu verbessern.

Joachim Milberg

Vorwort

Die vorliegende Dissertation entstand während meiner Tätigkeit als wissenschaftlicher Mitarbeiter am Institut für Werkzeugmaschinen und Betriebswissenschaften (iwb) der Technischen Universität München.

Besonders danken möchte ich Herrn Prof. Dr.-Ing. J. Milberg, dem Leiter des Instituts, der mir die Bearbeitung der Thematik ermöglichte und mich sowohl von den apparativen Rahmenbedingungen her als auch durch kritische Anregungen und wertvolle Hinweise meine Arbeit stets wohlwollend unterstützte.

Herrn Prof. Dr. rer. nat. G. Habenicht, dem Leiter des Lehrstuhls für Fügetechnik der Technischen Universität München, danke ich für die aufmerksame Durchsicht der Arbeit.

Schließlich möchte ich mich bei allen Mitarbeitern des Instituts sowie bei allen Studenten, die zum Gelingen der Arbeit beigetragen haben, recht herzlich bedanken.

Ein besonderer Dank gilt meiner Frau Beatriz, die mit mir gemeinsam die Belastungen über die Jahre hinweg getragen und die Freuden des Erfolgs geteilt hat.

München, im Februar 1992 *Florian Garnich*

Gott sprach: Es werde Licht.

Und es ward Licht.

Und Gott sah, daß es gut war.

Genesis

Inhaltsverzeichnis

5 Rechnergestützte Hilfsmittel

Verzeichnis verwendeter Formelzeichen

α	halber Akzeptanzwinkel der Lichtleitfaser bzw. Geschwindigkeitsausgleichsfaktor
β	Halber Off-Axis Winkel der Spiegel-Fokussiereinheit
λ_σ	Rohrreibunggsszahl
λ	Wellenlänge
Θ	Divergenz des freilaufenden Laserstrahls
Θ_F	Divergenz des fokussierten Laserstrahls
ρ	Dichte
ρ_g	Dichte des Schneidgases
ρ_w	Werkstoffdichte
ζ_E	Verlustbeiwert des Einlaß
ζ_K	Verlustbeiwert des Krümmers
ζ_V	Verlustbeiwert des Ventils
A	Querschnittsfläche
a	Schnittiefe
a	Temperaturleitfähigkeit
b	Strahlparameter
cw	continuous wave (kontinuierliche Laserbetriebsart)
D	Durchmesser der Gasleitung
D	Durchmesser des unfokussierten Laserstrahls
D_e	Lehrsche Dämpfung

$d\phi$ Dejustierwinkel [mrad]

d_c Kerndurchmesser (core) der Faser

E Gesamtenergie

E_{ex} Reaktionsenthalpie

E_L Energie des Laserstrahls

f Brennweite

f_e Eigenfrequenz

f_n n-te Resonanzfrequenz bzw. Brennweite für n-te Strahlebene

f_p Pulsfrequenz

G_0 spezifische Freie Reaktionsenthalpie

I Intensität

K^* Qualitätskennzahl

K Strahlkennzahl

K Wärmeleitkoeffizient

K_m Massentransportkoeffizient

k Rauheit der Gasleitung

k_v Kreisverstärkung

NA numerische Apertur

N_{eFV} Kenn-Nachgiebigkeit bei Erregung an der Stelle F und Messung an
der Stelle V

n_1 Brechungsindex des Faserkerns

n_2 Brechungsindex der Fasermantels

n_e^* direkte Kenn-Nachgiebigkeitswurzel

n_{eV} Kenn-Nachgiebigkeitswurzel der Stelle V

P Leistung

$P_{b,max}$ maximal zuführbare Verbrennungsleistung

P_L mittlere Strahlleistung des Lasers

P_{zu} insgesamt zugeführte Leistung

p_K Druck in der Düsenvorkammer

p_o Druck an der Gasarmatur

Q^* normierte Strahlqualität

q Strahlparameter

q_{00} q-Parameter des Grundmode.

R Krümmungsradius der Lichtleitfaser

Re Reynoldszahl

R_z Oberflächenrauheit

r_0 Radius des freilaufenden Laserstrahls

r_f Fokusradius

$r_t = r(0)$ Strahlradius in der Strahltaille

s Schnittweite (= rechnerische Brennweite bei parallel einfallendem Strahl)

TEM_{mn} Modenstruktur

T_M Schmelztemperatur

T_V kritische Temperatur

u Unebenheit

$\dot{V}$ Gasdurchflußmenge

v Vorschubgeschwindigkeit

v_0 Strömungsgeschwindigkeit an der Werkstückoberfläche

v_1 Strömungsgeschwindigkeit beim Austritt aus dem Schnittspalt

v_n Strömungsgeschwindigkeit beim Austritt aus der Schneiddüse

w_K Schnittspaltbreite

w mittlere Strömungsgeschwindigkeit

z Abstand vom Fokuspunkt bzw. von der Strahltaille

z_f Fokuslage

z_R Rayleighlänge

z_{Rf} Schärfentiefe

1 Einleitung

1.1 Abgrenzung des Themengebietes

Laser bezeichnet ein Kunstwort, zusammengesetzt aus der englischen Abkürzung für "light amplification by stimulated emission of radiation". Etymologisch betrachtet stammt das Wort Roboter, das heutzutage frei programmierbare Bewegungsautomaten bezeichnet, von dem tschechischen Wort robota, das Frondienst bedeutet. Der Schriftsteller Karel Capek führte es 1920 in einem Roman als Bezeichnung für anthropomorphe Automaten ein, die den Menschen von seiner alltäglichen körperlichen Arbeit entlasten. Der wissenschaftliche Begriff Robotik wurde 1940 von Isaac Asimov geprägt. Die Endung "tik" leitet sich her aus dem griechischen Wort τεχνη - Fertigkeit, Kunst - und steht allgemein für Sachverstand, sowohl handwerklich, künstlerisch als auch wissenschaftlich. Daher kann die Erfahrungswissenschaft, die sich auf die Laserbearbeitung mit Robotern bezieht, auch als Laserrobotik bezeichnet werden. Dieser Begriff soll im Rahmen der vorliegenden Arbeit diejenige Systemtechnik beschreiben, die die Laserbearbeitung mittels frei programmierbarer Automaten mit mindestens fünf Bewegungsachsen umfaßt.

Die Laserbearbeitung ist innerhalb der Fertigungsverfahren den Strahlverfahren zuzuordnen. In Analogie zur Elektronenstrahl- oder Ionenstrahlbearbeitung wird häufig der Begriff Laserstrahlbearbeitung gebraucht. Da das Wort "Strahl" oder "Strahlung" schon in dem "r" der Abkürzung LASER für radiation enthalten ist, besteht jedoch für dieses Verfahren keine Notwendigkeit, die Zugehörigkeit zu den Strahlverfahren gesondert hervorzuheben. Auch im englischen Sprachgebrauch wird der Begriff "laserprocessing" ohne den Zusatz "beam" benutzt.

Zur Umsetzung der Laserbearbeitung in der industriellen Praxis setzt jeder Laserroboter die in Bild 1.1 skizzierten Baugruppen voraus. Als Strahlquelle kommen verschiedene Lasertypen in Betracht, auf die im nächsten Kapitel eingegangen wird. Aufgabe des Strahlführungs- und -formungssystem ist es, den Strahl zum Werkstück zu lenken und zu bündeln. Das Handhabungssystem führt die Relativbewegung zwischen Laserstrahl und Werkstück durch. Weitere Vorrichtungen können notwendig sein, um das Werkstück oder seine Einzelteile zu fixieren. Die Steuerung gibt die Bewegung des Handhabungssystems vor und koordiniert sie mit der Laserquelle. Eine effiziente Programmierung dieser Steuerung ist für einen wirtschaftlichen Einsatz unerläßlich. Die Absaugung verhindert das unerwünschte Austreten von Dämpfen und Stäuben aus der Anlage.

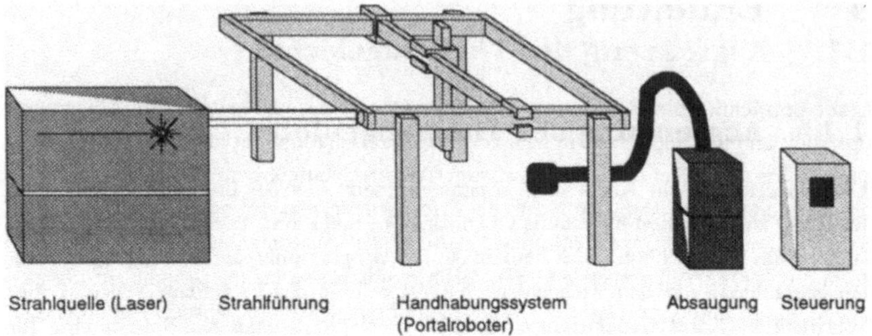

Bild 1.1:   Komponenten einer Laserroboter-Bearbeitungszelle

1.2   Entwicklung der industriellen Lasertechnik

Auch wenn schon 1917 Albert Einstein die theoretischen Grundlagen des Laserprinzips, insbesondere die stimulierte Emission, erarbeitet hatte [EINS 17] und diese 11 Jahre später von H. Kopfermann und R. Ladenburg zum ersten Mal experimentell nachgewiesen wurde [KOPF 28], ist die Geschichte der industriellen Anwendung des Lasers sehr jung. Als T.H. Maiman 1960 den ersten funktionierenden Laser baute, schuf er damit nach der Entwicklung der Halbleitertechnologie ein weiteres technisches Produkt, das auf den Gesetzen der Quantenmechanik beruht. Diese ersten Rubinlaser fanden schon bald als Bohrgeräte für Uhrensteine Eingang in die industrielle Fertigung. Die Domäne des 1961 entwickelten Helium-Neon-Lasers (HeNe) besteht dagegen in der Informations- und Meßtechnik. Er ist heutzutage in fast jedem Supermarkt, eingebaut in Strichcode-Scannern, zu finden. Den für die Produktionstechnik so wichtigen, da leistungsstarken Kohlendioxid-Laser (CO_2) realisierte Patel 1964 zum ersten Mal [PATE 64]. Industrielaser dieses Typs gibt es seit den 70er Jahren. Schon 1974 setzte die Ford Company in den USA ein solches Gerät zum Zuschneiden von ebenen Karosserieteilen in der Prototypenfertigung ein. Es wies eine Ausgangsleistung von 400 W auf [STEE 83]. Inzwischen werden zum Schneiden von Metallen vorzugsweise Laser mit 1 bis 2 kW Leistung eingesetzt, während industrielle Schweißlaser bis zu 25 kW erreichen. Außer CO_2- gelangen zunehmend auch Neodym:YAG-Leistungslaser mit Strahlleistungen bis 2 kW in den industriellen Einsatz. Bis heute ist die Entwicklung neuer Laserquellen und die Verbesserung bestehender Systeme keineswegs als abgeschlossen zu bezeichnen.

Während die Laserbearbeitung ebener Werkstücke schon ein beträchtliches Marktsegment gewonnen hat, konnte sich die räumliche Bearbeitung wegen der schwierigeren technischen, aber auch organisatorischen Randbedingungen bei gleichzeitig hohen Investitionskosten noch nicht auf breiter Basis durchsetzen. Eine Voraussetzung für den Durchbruch der räumlichen Laserbearbeitung ist die Einbindung des Lasers in hochproduktive und flexibel automatisierte Fertigungsanlagen. Erst durch die Anwendung leistungsfähiger Rechner ist es möglich, die komplexen Vorgänge bei der Laserbearbeitung mit ihren vielen Parametern ausreichend zu planen, zu kontrollieren und zu regeln. Gerade die Lasertechnologie setzt eine sich allgemein in der Fertigungstechnik abzeichnende Entwicklung voraus, in der moderne Datenverarbeitungsanlagen mit ihren vielfältigen Möglichkeiten wie CAD/CAM, Prozeßsteuerung, -überwachung und -optimierung nicht mehr nur ergänzende oder unterstützende Funktionen haben, sondern fester Bestandteil des gesamten Konzepts sind. Erst durch den Rechnereinsatz kann die Verfahrensflexibilität der Lasertechnologie in vollem Umfang genutzt werden. Es lassen sich nahezu sämtliche Werkstoffe von organischem Kunststoff über Keramik bis zu Stahl thermisch oder photochemisch bearbeiteten. Bei einer entsprechenden Prozeßführung können so unterschiedliche Verfahren wie Schneiden, Schweißen, Bohren, Löten, Beschriften, Abtragen und Oberflächenbehandeln verwirklicht werden.

Entsprechend den breiten Einsatzmöglichkeiten muß auch die Relativbewegung zwischen Strahlwerkzeug und Werkstück in hohem Grade wechselnden Einsatzbedingungen nachkommen. Dazu bieten sich in idealer Weise frei programmierbare Handhabungsgeräte, also Roboter, an. Diese müssen jedoch den speziellen Anforderungen der Lasertechnik genügen. Der Peripherie, wie beispielsweise den Sensoren und den rechnergestützten Hilfsmitteln, kommt dabei eine entscheidende Bedeutung zu.

Daraus ergibt sich das Feld der Laserrobotik, das in dieser Arbeit mit seinen wichtigsten Randbedingungen aufgezeigt wird. Zunächst werden die notwendigen Einzelkomponenten beschrieben. Dazu gehören die Laserquellen und die Roboteranlagen mit ihren peripheren Einrichtungen, wobei die Sensorik besondere Berücksichtigung findet. Danach erfolgt die Darlegung rechnergestützter Hilfsmittel. Hier bestanden bislang die größten Defizite. Daher stellen sie einen Schwerpunkt der eigenen Entwicklungsarbeit auf dem Gebiet der Laserrobotik dar. Das 6. Kapitel umfaßt als Schwerpunkt der Arbeit die Beschreibung zweier am Institut für Werkzeugmaschinen und Betriebswissenschaften (iwb) realisierter Laserroboterzellen und der experimentellen Untersuchungen daran. Die am iwb aufgebauten Prototyp-Anlagen basieren auf Standard-Industrierobotern, die mit den zwei wichtigsten Typen von Industrielasern kombiniert sind, einem CO_2- und einem Nd:YAG-Laser. Als Ergänzung dazu werden dynamische Untersuchungen an einem Laserportalroboter dargestellt. Abschließend ist ein exemplarischer Kostenvergleich verschiedener Laserroboter und energiewirtschaftliche Betrachtungen dargelegt.

2 Laserquellen

Obwohl rein physikalisch über 1000 metastabile Energieübergänge bekannt sind, die sich für einen Laserprozeß nutzen lassen, konzentrieren sich fast alle bekannten Anwendungen der Laserrobotik auf Kohlendioxid(CO_2)- und Neodym(Nd)-Laser. Der eine Typ ist ein Gaslaser, der andere ein Festkörperlaser. Die Bezeichnung richtet sich nach dem Aggregatzustand des laseraktiven Mediums. Beide Laser weisen Wellenlängen im Infrarotbereich auf (Bild 2.1). Der wichtigste Laser im sichtbaren Bereich, der HeNe-Laser, hat für die Materialbearbeitung keine direkte Bedeutung. Allerdings spielt er für die Meßtechnik und Informationsverabeitung eine große Rolle. Die wichtigsten Laser im UV-Bereich sind die Excimer-Laser. Sie sind für die Materialbearbeitung von wachsender Bedeutung.

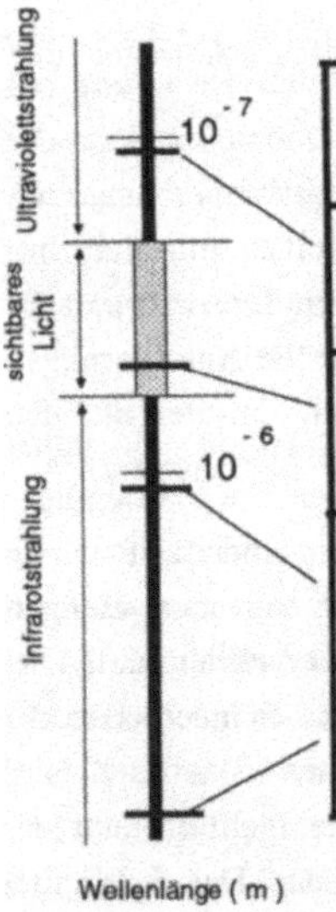

Lasertyp	Leistungs-bereich [W]	Betriebsart	Anwendungen
Excimerlaser (193 nm / 248 nm)	$P_P < 10^7$ $\overline{P} < 10^3$	gepulst	Abtragen, Ritzen, photochemische Prozesse
He-Ne-Laser (632 nm)	< 1	kontinuierlich	Meßtechnik
Nd:YAG-Laser (1064 nm)	$P_P < 10^6$ $\overline{P} < 2*10^3$	gepulst kontinuierlich	Bohren, Schneiden, Schweißen
CO_2- Laser (10632 nm)	$< 3 * 10^4$	gepulst kontinuierlich	Trennen, Schweißen, Oberflächenbehandlung

Bild 2.1:   Wichtige industriell eingesetzte Laserstrahlquellen
(P_P: Pulsleistung, $\overline{P}$: mittlere Leistung)

Die für die Laserrobotik relevanten Strahlquellen weisen im Falle des Nd-Lasers mindestens 400 W, beim CO_2-Laser mindestens 750 W Strahlleistung auf, um als Hochleistungslaser zu gelten. Die maximalen Leistungen im industriellen Bereich liegen für CO_2-Laser bei 25 kW, für Nd-Laser bei 2 kW.

2.1 Physikalische Grundlagen

Geht ein angeregtes Atom oder Molekül auf ein niedrigeres Energieniveau über, so kann es dabei ein Photon emittieren. Diese Emission kann auf zwei Arten ablaufen: als spontane Emission oder, wenn der Übergang durch ein einfallendes Photon ausge-

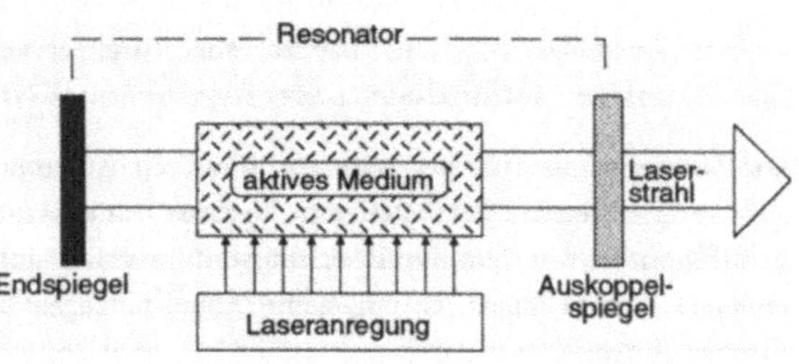

Bild 2.2: *Aufbau eines Lasers*

löst wird, als stimulierte Emission. Durch zufällig in Richtung der optischen Achse emittierte Photonen entsteht durch eine optische Rückkopplung im aktiven Medium eine Kettenreaktion, die eine Verstärkung des Photonenstroms in Richtung der Achse, die durch die Rückkopplungsspiegel ausgezeichnet ist, bewirkt (Bild 2.2). Der Raum, in dem durch Auskoppel- und Endspiegel die optische Rückkoppelung stattfindet, heißt Resonator. Durch einen teildurchlässigen Spiegel (Auskoppelfenster) wird ein Teil des entstandenen Strahls zur Bearbeitung ausgekoppelt.

Das energetische Prinzip eines Lasers sei anhand des Energieschemas eines 4-Niveau-Lasers aufgezeigt (Bild 2.3). Voraussetzung für die Entstehung einer Lichtverstärkung und damit eines Laserstrahles ist die Besetzungszahlinversion. Dies bedeutet, daß entgegen dem thermodynamischen Gleichgewicht ein energetisch höheres,

atomares oder molekulares Energieniveau E3 stärker besetzt ist als eines mit niedrigerer Energie E2. Die Besetzungszahlinversion setzt voraus, daß das höherenergetische Niveau E3 des Laserübergangs eine vergleichsweise hohe Lebensdauer aufweist. Im allgemeinen liegt dabei ein metastabiler Zustand vor. Um überhaupt eine Besetzungszahlinversion im aktiven Medium herbeizuführen, ist daher ein weiterer, energetisch noch höherer Zustand E4 erforderlich, aus dem heraus die Besetzung des metastabilen Ni-

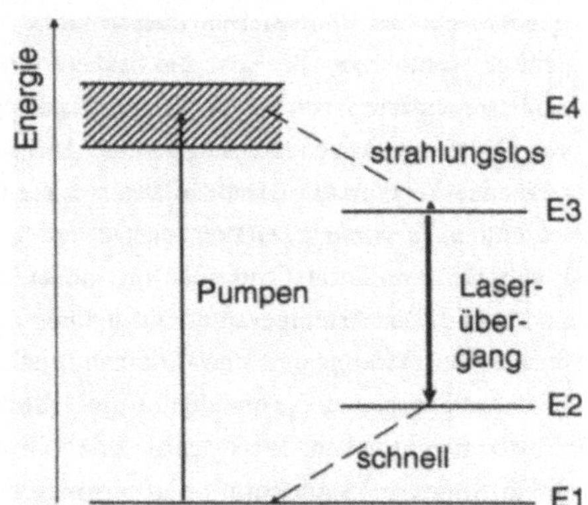

Bild 2.3: *Energieschema eines 4-Niveau-Lasers*

veaus E3 erfolgt. Daher ist die Grundvoraussetzung eines Lasers ein 3-Niveau-System (wenn E1 = E2). Die Besetzungszahlinversion ist ausgeprägter und der Laser effizienter, wenn das untere Niveau E2 des Laserübergangs nicht der am häufigsten besetzte Grundzustand E1 ist, sondern energetisch geringfügig darüber liegt. Daher sind die meisten Industrielaser solche sogenannten 4-Niveau-Systeme.

Die Übergangsrate für die spontane Emission ist proportional zur vierten Potenz der Energiedifferenz der beteiligten Niveaus. Daher wird es mit wachsender Energiedifferenz schwieriger, die Besetzungszahlinversion aufrecht zu erhalten. Die Wellenlänge λ eines Lasers ist umgekehrt proportional zur Energiedifferenz der Laserniveaus. Entsprechend hängt der erreichbare physikalische Wirkungsgrad von $1/\lambda^4$ ab.

Zur Aufrechterhaltung der Inversion ist eine Energiezufuhr notwendig, die bildhaft "Pumpen" genannt wird. Neben dem optischen Pumpen, das vor allem für Festkörperlaser von Bedeutung ist, gibt es für Gaslaser weitere Methoden, die zu einer Inversion führen: Stöße mit angeregten Atomen in einer Gasentladung (Stöße 2. Art, bei denen die Anregungsenergie übertragen wird), Elektronenstöße und chemische Prozesse.

Je nach Bearbeitungsaufgabe setzt man gepulste oder kontinierlich strahlende Laser ein. Letztere werden Dauerstrichlaser oder cw-Laser (engl. continuous wave) genannt. Zur stabilen Anregung setzt man für gepulste Nd:YAG-Laser der Meß- und Feinwerktechnik manchmal sogenannte Injection-Seeder-Systeme ein, die aus einem schmalbandigen, frequenzstabilen Nd:YAG-Laser bestehen [ELS 90]. Damit wird die stimulierte Emission des Lasers auf die eingestrahlte Frequenz gezwungen.

Bei den meisten industriellen Lasern sinkt der Wirkungsgrad mit steigender Temperatur, wenn man die aus praktischen Gründen der Umgebung entsprechenden Kühltemperaturen von ca. 20° C zugrundelegt. Dies ist bei den vorliegenden 4-Niveau-Systemen durch den Einfluß der thermischen Besetzung begründet. Denn mit steigender Temperatur wird das untere Laserniveau E2 aufgrund der verschobenen Boltzmann-Verteilung stärker besetzt und daher sinkt die Übergangsrate für die kohärente, stimulierte Emission. Im industriellen Einsatz muß dennoch die Kühl- und damit Betriebstemperatur häufig über dem laserphysikalischen Optimum, das den besten Wirkungsgrad gewährleistet, gehalten werden, um Kondensationseffekte im Laseraggregat zu vermeiden. Eine jahreszeitlich bedingte Anpassung der Betriebstemperatur kann den wechselnden Umgebungsbedingungen entgegenkommen, um im Sommer Kondensation zu vermeiden und im Winter den Wirkungsgrad zu steigern.

2.2 Optische Resonatoren

Zur optischen Rückkopplung, die Voraussetzung für eine kohärente stimulierte Emission ist, dient der Resonator. Er besteht aus einem total und einem partial reflektierenden Spiegel. Dadurch kann ein Photon das aktive Verstärkermedium mehrmals durchlaufen und weiter angeregte Atome oder Moleküle zur Emission von Licht veranlassen. Für Laser höherer Leistung ab ca. 400 W werden die Resonatoren häufig gefaltet, um zu einem kompakteren Bauvolumen zu gelangen. Das bedeutet, daß zwischen End- und Auskoppelspiegel weitere Umlenkspiegel gelegt werden.

Eine wichtige Anforderung an Laser zur Materialbearbeitung ist die Gewährleistung konstanter Strahlparameter unter allen zulässigen Betriebsbedingungen. Dies betrifft insbesondere die Konstanz von Fokusdurchmesser und -lage, Schärfentiefe und Laserleistung. Richtungsabhängige Bearbeitungsergebnisse sind bei der Laserrobotik nur in Sonderfällen wie beispielsweise für das Oberflächenbehandeln erwünscht. Daher muß im allgemeinen der Strahlquerschnitt rund sein. Folglich müssen die End- und Faltungsspiegel sowie der Querschnitt des Resonators Rotationssymmetrie aufweisen.

Die Polarisationsrichtung der Laserstrahlung hat ebenfalls großen Einfluß auf die Bearbeitung. Die Absorption am Werkstück hängt nämlich - gemäß den Fresnelschen Formeln - von der relativen Richtung der Polarisation zur Richtung des auftreffenden Strahls ab [BERG 87]. Parallel zur Einfallsebene polarisiertes Licht wird mit flacherem Auftreffwinkel immer stärker absorbiert bis im Brewsterwinkel das Maximum der Absorption erreicht ist. Damit hat die Polarisation entscheidenden Einfluß auf das Bearbeitungsergebnis. Beispielsweise wird in einem Schnittspalt parallel zur Bearbeitungsrichtung polarisiertes Licht vornehmlich an der Schneidfront absorbiert, senkrecht dazu polarisiertes Licht in erster Linie an den Seitenflächen der Schnittfuge. Deshalb muß zur Erzielung gleichmäßiger Ergebnisse die Polarisation in definiertem Winkel zur Vorschubrichtung liegen. Ist dies nicht gewährleistet, was gerade bei der 3D-Bearbeitung oft der Fall ist, so muß die Strahlung zirkular polarisiert sein oder statistisch gleichmäßige Anteile beider Polarisitonsrichtungen aufweisen. Wenn sich im Strahlengang polarisierende optische Elemente befinden wie beispielsweise Brewsterfenster oder eine ungleichmäßige Anzahl optischer Faltungsspiegel, so kann die resultierende linear polarisierte Strahlung über einen $\lambda/4$-Spiegel in eine zirkular polarisierte Strahlung umgewandelt werden. Dieser Spiegel weist eine teilreflektierende Beschichtung auf, deren Dicke einem Viertel der Wellenlänge entspricht.

2.2.1   Stabile Resonatoren

Stabile Resonatoren sind dadurch gekennzeichnet, daß nach den Gesetzen der Strahlenoptik ein Laserstrahl theoretisch beliebig oft zwischen den begrenzenden Endspiegeln hin und her laufen kann. Die Auskopplung der Laserstrahlung erfolgt dadurch, daß ein begrenzender Spiegel teildurchlässig ist. Bei Industrielasern liegt der Transmissionsgrad im Bereich von 50 %. In der Leistungsklasse bis 6 kW finden bislang fast nur stabile Resonatoren Verwendung. Die damit erzielbare Intenitätsverteilung über den Strahlquerschnitt bleibt bei idealer Abbildung stets erhalten.

2.2.2   TEM$_{mn}$-Moden

Da das Strahlungsfeld im Resonator räumlich begrenzt ist, bilden sich bestimmte Eigenschwingungsformen aus. Dies führt dazu, daß in Abhängigkeit von der speziellen Resonatorgeometrie (Form und Abstand der Spiegel, rechteck- oder kreisförmiger Querschnitt) im stationären Fall nur ganz spezielle Feldverteilungen der elektromagnetischen Strahlung und damit Intensitätsverteilungen auftreten. Die Eigenschwingungen in einer Ebene senkrecht zur Ausbreitungsrichtung werden als transversal-elektromagnetische Moden bezeichnet und mit TEM$_{mn}$ abgekürzt. Die gängigen transversalen Moden treten rechtwinklig symmetrisch oder rotationssymmetrisch auf.

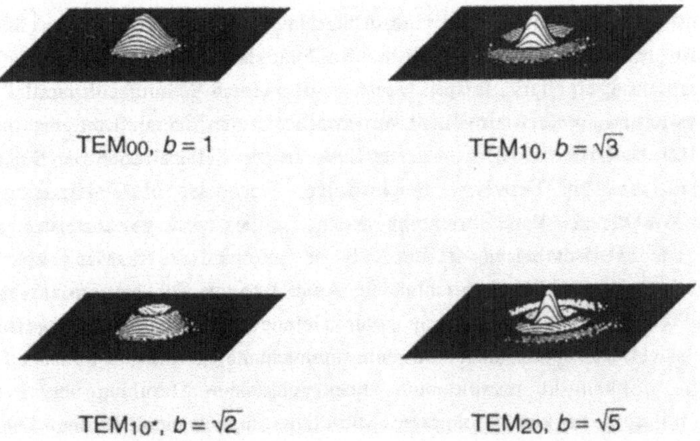

Bild 2.4:   Rotationssymmetrische Moden stabiler Resonatoren. Der Parameter b gibt das Verhältnis des jeweiligen Strahldurchmessers zu dem des Grundmodes an (vgl. Kap. 4.4).

Bei rechtwinklig symmetrischen TEM$_{mn}$ Moden (Hermite-Gauß-Moden) stellen die Indices m und n die Anzahl der Nullstellen der Intensitätsverteilung (Knotenlinien) in zwei zueinander senkrechten, radialen Koordinatenrichtungen dar. So hat z.B. der TEM$_{10}$ Mode eine Nullstelle in horizontaler und keine in vertikaler Richtung.

Rotationssymmetrische Moden (Bild 2.4) heißen Laguerre-Gauß-Moden. Ihre Klassifizierung ist in der Literatur nicht eindeutig [CLEE 87, SARG 74]. Nach [READ 78] gibt der Index m die Anzahl der Nullstellen an, die zwischen Strahlmittelpunkt und Strahlrand liegen. Der Index n ist gleich der halben Anzahl der bei einer Umrundung der Strahlfläche zu passierenden Nullstellen. Diese Klassifizierung entspricht mathematischen Definitionen und wird daher im folgenden benutzt. Weisen die Laguerre-Gauß-Moden ringförmige Intensitätsverteilungen mit einem Minimum im Strahlzentrum auf, werden sie Ring- oder Doughnut-Moden (Kennzeichnung mit einem Stern im Index) genannt. Das Wort doughnut bezeichnet im amerikanischen ein Gebäck, das einem Krapfen mit Loch in der Mitte vergleichbar ist.

Der TEM$_{00}$-Mode wird auch Gauß-Mode oder Grundmode genannt. Hierbei ist die Intensitätsverteilung I in Abhängigkeit vom Abstand r zum Strahlmittelpunkt durch die Formel

$$I(r) = I_0 \cdot e^{-\frac{2r}{r_e}} \tag{2.1}$$

gegeben. I_0 ist die Strahlintensität im Mittelpunkt und r_e ist der sogenannte Gauß'sche Strahlradius, d.h. der Radius, an welchem die Intensität auf das 1/e-fache der Intensität im Strahlzentrum abgefallen ist. Hochleistungslaser mit Ausgangsleistungen im Bereich mehrerer Kilowatt erfordern zur Erzeugung der hohen Leistung einen großen Durchmesser des aktiven Mediums und damit des Resonators. Die Folge hiervon ist die gleichzeitige Ausbildung mehrerer Moden, auch Multimode genannt. Dieser zeigt eine Intensitätsverteilung, die i. allg. nicht mehr durch eine analytische Funktion beschreibbar ist und weniger gut fokussiert werden kann.

2.2.3 Instabile Resonatoren

Bei instabilen Resonatoren wird der Laserstrahl auch bei totaler Reflexion nach einer endlichen Anzahl von Umlenkungen ausgekoppelt (Bild 2.5). Damit kann auf teildurchlässige Auskoppelspiegel verzichtet werden, und es läßt sich das durch die Restabsorption bestimmte Problem

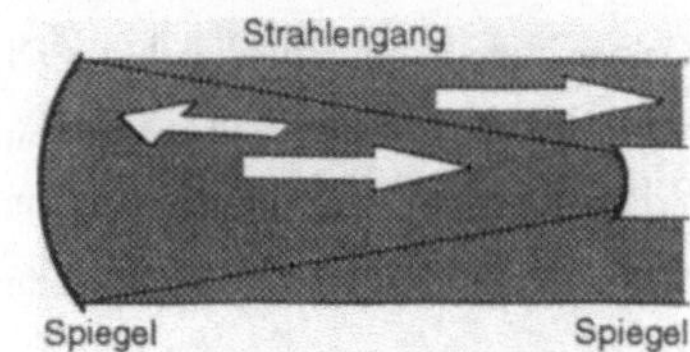

Bild 2.5: *Strahlengang in einem instabilen Resonator*

der begrenzten Leistungsflußdichte bei transparenten Materialien umgehen. Daher sind mit einem rein durch Spiegel begrenzten Resonator Leistungen oberhalb 6 kW realisierbar.

2.3   Kohlendioxid-Laser

CO_2-Laser weisen eine große Wellenlänge (10,6 μm) und daher einen vergleichsweise hohen technischen Wirkungsgrades von 10 bis 25 % auf. Deshalb sind sie die am häufigsten eingesetzten Strahlquellen für die Materialbearbeitung. Durch das Pumpen werden die CO_2-Moleküle auf ein höheres Schwingungsenergieniveau gebracht. Aufgrund von Dissoziation entstehen dabei als Abfallprodukte u.a. Sauerstoff und Kohlenmonoxid, die die Laserleistung mindern. Aus diesem Grund muß bei Hochleistungslasern ständig ein Teil des Gases ersetzt werden. Im abgeschalteten Zustand wird der Resonator mit leicht erhöhtem Umgebungsdruck befüllt, um ein Eindringen von Verunreinigungen zu verhindern. Im Betrieb beträgt der Druck des Lasergases ca. 100 - 150 hPa. Zur Aufrechterhaltung des gegenüber der Umgebung erniedrigten Drucks ist außer bei abgeschlossenen Systemen immer eine Vakuumpumpe notwendig. Das Gasgemisch besteht aus Kohlendioxid, Stickstoff und Helium. CO_2 ist das eigentlich laseraktive Medium. N_2 wird als Hilfsgas benötigt, um die Pumpenergie auf die CO_2-Moleküle zu übertragen. He erhöht die Wärmeleitfähigkeit des Gemischs und trägt so zur inneren Kühlung bei. Es ist zur Funktionsfähigkeit eines CO_2-Lasers nicht unbedingt vonnöten, steigert jedoch den Wirkungsgrad. Daher werden in Ländern, in denen Helium schwer verfügbar ist, CO_2-Laser auch ohne Helium betrieben. Weil Helium zusätzlich zur Entleerung des unteren Niveaus vom Laser-Übergang beiträgt, erhöht man für spezielle Anwendungen zur Erreichung sehr kurzer Pulse oder hoher Frequenzen (über 50 kHz) den He-Anteil im Gasgemisch. Gaslaser weisen generell den Vorteil auf, daß durch die Konvektion keine lokalen Überhitzungen wie bei Festkörperlasern auftreten und daher leichter stabile Strahlmoden erreicht werden können. Einige systembedingte Nachteile müssen allerdings beim CO_2-Laser in Kauf genommen werden:

- Gasverbrauch zum Ausgleich der Dissoziation und Kontamination des Lasergases

- Schlechte Einkopplung der Strahlung in metallische Werkstoffe unterhalb einer kritischen Schwellintensität aufgrund des hohen Reflexionsgrades von Metallen

- Keine industriell geeigneter Lichtleiter für die betreffende Laserwellenlänge.

2.3.1 Gasströmung

Abgeschlossene (engl. sealed), rein diffusionsgekühlte Laser kommen nur im unteren Leistungsbereich bis 300 W bei der 2D-Bearbeitung von Kunststoffen, Holz, Papier, Gummi, Leder und Textilstoffen zum Einsatz [DICK 90]. Derzeit spielen sie für die räumliche Bearbeitung nur eine untergeordnete Rolle. Gegenwärtig setzen hohe spezifische Ausgangsleistungen bei CO_2-Lasern zur Erneuerung und zur Kühlung des Gasgemischs einen Gastransport voraus. Dabei wird das Lasergas zur Ableitung der hohen Verlustwärme, die 80 - 90 % der eingebrachten Energie beträgt, in einem geschlossenen Kreislauf durch einen Wärmetauscher umgewälzt. Die im folgenden beschriebenen Gastransportlaser, die in langsam und schnell längsgeströmte sowie in quergeströmte Laser unterteilt werden (Bild 2.6), sind in [ROSE 89] wirtschaftlich und technisch verglichen.

Bei langsam längsgeströmten Lasern erfolgt der Gasdurchsatz parallel zur Strahlachse und die Abfuhr der Verlustwärme überwiegend durch Diffusion. Diese Art der Kühlung läßt Werte von 30 bis 70 Watt Ausgangsleistung pro Meter Resonatorlänge zu. Bei entsprechender Auslegung läßt sich eine hohe Strahlqualität, d.h. die Anregung niederer Moden, erzielen. Geringen Service- und Verbrauchskosten steht als Nachteil ein relativ großes Bauvolumen gegenüber. Die in der industriellen Praxis vertretenen Systeme erreichen maximal ca. 1 kW.

Eine spezielle Form stellt hierbei der in der Entwicklung befindliche Wellenleiterlaser dar, mit dem bei langsamer Gasumwälzung 2 W/cm^2 Strahlleistung pro Resonatoroberfläche erreicht werden. Die seitlichen Begrenzungsflächen des Resonators

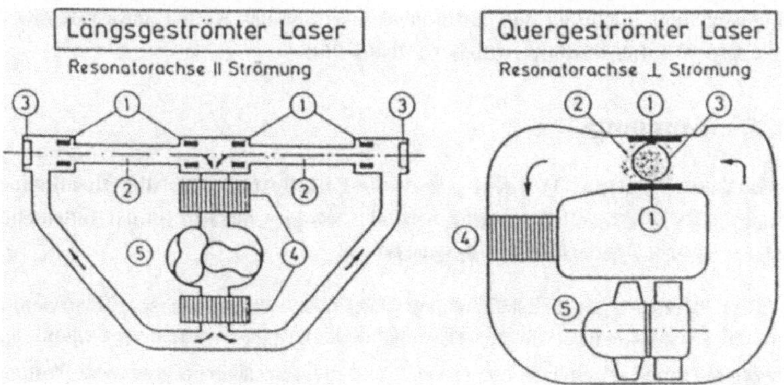

Bild 2.6:   *Gegenüberstellung der verschiedenen Prinzipien zur Gasumwälzung [DVS 89]. ① Elektroden, ② Entladungsraum, ③ Resonatorspiegel, ④ Kühler, ⑤ Gebläse .*

werden in Rechteck oder Rohrform soweit zusammengebracht, daß für die Strahl-
ausbreitung Wellenleiterbedingungen vorherrschen. Gleichzeitig steigt das Verhältnis
von Begrenzungsfläche zu Volumen des aktiven Mediums und damit die Diffusions-
kühlrate stark an. Damit sind bei Faltung des Resonators oder Anordnung in Spi-
ralform kompakte Laser im Multikilowattbereich denkbar, die als mobile Laser direkt
auf einen Roboter montiert werden können.

Die meisten derzeit mit Robotern eingesetzten Laser sind schnell längsgeströmt.
Dabei ermöglicht die schnelle Umwälzung des Lasergases eine Steigerung der
spezifischen Laserleistung pro Resonatorlänge auf 1000 W/m. Bei Strömung in
Längsrichtung läßt sich gleichzeitig eine hohe Strahlqualität sicherstellen. Für ein
Watt Laserleistung benötigt man bei längsgeströmten Lasern ein Volumenstrom von
ca. 1 m^3/h [HENN 90]. Als Umwälzpumpen kommen z. Z. in erster Linie Roots-
Gebläse zum Einsatz. Diese bewältigen problemlos die auftretenden Druckdifferen-
zen. Für hohe Umwälz-Volumenströme sind sie jedoch aufwendig und schwer.
Außerdem treten unvermeidlich Druck-Pulsationen auf, die sich auf die Laseranre-
gung auswirken. Daher werden zunehmend Radialverdichter eingesetzt. Bei deren
Einsatz muß allerdings der Strömungswiderstand des Gaskreislaufs gering sein, da
sie nicht so hohe Druckdifferenzen wie Roots-Gebläse bewältigen können.

Als Umwälzpumpen für quergeströmte Laser werden Querstromgebläse eingesetzt.
Damit lassen sich bei niedrigen Druckdifferenzen hohe Volumenstöme erzielen.
Spezifische Laserleistungen pro Resonatorlänge von 10 kW/m sind erreichbar. Die
Strahlqualität ist dabei jedoch wegen der unvermeidlichen Schwankungen im Druck
und damit im Brechungsindex durch einen Multimode bestimmt. Durch das Hinter-
einanderschalten mehrerer quergeströmter Lasermodule werden Industrielaser mit
bis zu 25 kW Strahlleistung realisiert [NUSS 90].

2.3.2 Anregung

Für Gaslaser, wie den CO_2-Laser, gibt es die Gleichstrom- oder die Hochfrequenzanregung. Die Mikrowellenanregung befindet sich gegenwärtig in der Entwicklung,
wird aber noch nicht industriell eingesetzt.

Die Gleichstromanregung geschieht über ring- oder spitzenförmige Elektroden, die
innerhalb des Resonators liegen. Die Kathode ist dabei einem Verschleiß durch
Ionenzerstäubung (sputtering) unterworfen und müssen daher in gewissen Wartungs-
intervallen ersetzt werden. War dies früher ein entscheidender Nachteil der Gleichstromanregung, so sind diese Wartungsarbeiten bei neueren Lasern durch drehbare
oder servicefreundlich verschraubte Elektroden vereinfacht. Ein Vorteil der Gleich-

stromtechnik ist die Möglichkeit, auf einfache Weise leistungsstarke Pulse (Super-pulse oder Hyperpulse) zu erzeugen.

Die Hochfrequenzanregung erfolgt kapazitiv über Elektroden, die auf den Entla-dungsrohren angebracht sind. In Deutschland werden hierzu fernmeldetechnisch zugelassene Industriefrequenzen von 13,56 oder 27,3 MHz verwendet. Die Hoch-frequenzanregung hat gegenüber der Gleichstromanregung einige Vorteile. So wird durch eine homogene und zeitlich stabile Laseranregung eine schnelle und einfache Leistungssteuerung ermöglicht. Außerdem entstehen keine Gasverunreinigungen durch abbrennendes Elektrodenmaterial, was sich günstig auf den Gasverbrauch und die Wartungskosten auswirkt. Aufgrund des geringen Elektrodenabstands ist weiter-hin eine bis zu Faktor 10 geringere Entladungsspannung erforderlich [WOLL 85], was Vorteile hinsichtlich der Arbeitssicherheit bringt. Von Nachteil sind die höheren Kosten, die durch die Hochfrequenzsender verursacht werden. Der Gesamtwirkungs-grad hochfrequent angeregter Laser liegt außerdem niedriger als bei gleichstroman-geregten Lasern mit Schaltnetzteil.

2.4   Neodym-Laser

Ein deutlicher Anschub für die Laserrobotik wird durch die Verfügbarkeit leistungs-starker, industrietauglicher Neodymlaser erwartet; der Nd-Laser weist nämlich den Vorteil auf, daß seine Strahlung mit einer Wellenlänge von 1064 nm durch Glasfa-serkabel übertragbar ist. Die eigentlich laseraktiven Nd^{3+}-Ionen sind einem Fest-körper, dem Matrixmaterial, als Dotierung beigegeben. Die optische Anregung er-folgt für die vorwiegend gepulsten Laser durch Xenon-Blitzlampen oder für die selteneren Dauerstrich-Hochleistungslaser durch Krypton-Bogenlampen. Durch die begrenzte Lebensdauer der Blitz- bzw. Bogenlampen und den relativ niedrigen Wirkungsgrad von 3 - 4 % liegen derzeit die Betriebskosten im Hochleistungsbereich sehr hoch. Außerdem liefern Hochleistungs-Nd-Laser keinen gaußähnlichen Strahl-mode, wie er für eine ideale Fokussierung beipielsweise zum optimalen Schneiden erforderlich ist. Das liegt darin begründet, daß die Verlustwärme aus dem aktiven Medium nur durch Wärmeleitung abgeführt werden kann und gleichzeitig die Pump-lampen zu einer ungleichmäßigen Erwärmung führen. Nur bei einem Gaslaser ist das laseraktive Medium durch Umwälzung schnell austauschbar und daher mit hoher Effizienz kühlbar. Somit kommt es zu Wärmeausdehnungen im Laserstab, und diese wiederum beeinträchtigen die optischen Qualitätseigenschaften. Probleme bereiteten daher bislang die leistungsabhängigen Strahlparamter der Festkörper-Laser. Abhilfe kann eine adaptive Optik oder eine thermisch invariante Geometrie des aktiven Mediums schaffen.

Zum Aufbau von Nd-Lasern mit mittleren Ausgangsleistungen von über 500 W werden mehrere Laserkristalle parallel oder in Reihe geschaltet. Zur Parallelschaltung werden die Laserstrahlen über Glasfasern in eine gemeinsame Fokussieroptik eingespeist. Bei der Reihenschaltung gibt es die Möglichkeiten, alle Stäbe innerhalb eines Resonators unterzubringen oder nur einen Oszillatorstab innerhalb des Resonators und weitere Verstärkerstäbe daran anschließend einzubauen (Bild 2.7).

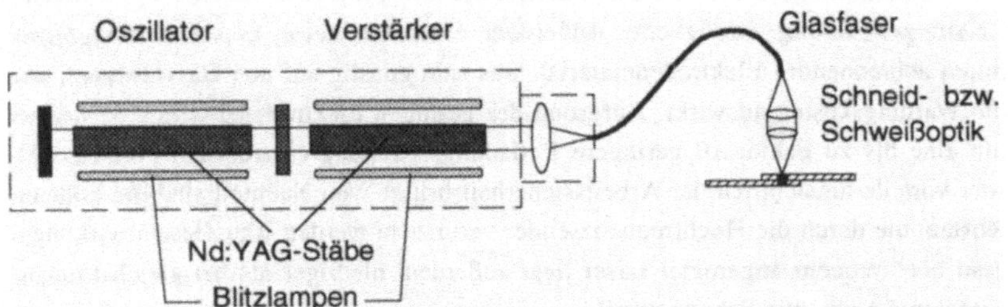

Bild 2.7: *Aufbau eines Nd:YAG-Bearbeitungslasers in Oszillator-Verstärker-Konfiguration*

2.4.1 Matrixmaterialien

Das am häufigsten verwendete Matrixmaterial ist derzeit Yttrium-Aluminium-Granat ($Y_3Al_5O_{12}$). Es läßt sich in hoher optischer Qualität in Längen von 10 bis 150 mm als Kristall ziehen. Die Wärmeleitfähigkeit ist relativ hoch, was eine günstige Voraussetzung für die Abfuhr der Verlustenergie ist.

Glas weist als Matrixmaterial den Vorteil auf, daß es auch in großen Volumina billig herzustellen ist. Hauptnachteil ist aber die deutlich geringere Wärmeleitfähigkeit. Daher können mit Nd-Glas-Lasern zwar hohe Pulsleistungen aber nur begrenzte mittlere Dauerleistungen erreicht werden.

Neuere Forschungsaktivitäten zielen darauf ab, den Wirkungsgrad von Nd-Lasern durch andere Matrixmaterialien, beispielsweise GSGG (Gadolinium-Scandium-Gallium-Granat) zu steigern. Diskutiert wird auch der Ersatz von Neodym durch Erbium oder Holmium. Ebenfalls im Forschungsstadium sind sogenannte selbst-frequenzverdoppelnde Kristalle, wie beispielsweise Yttrium Aluminium Borat (YAB). Basierend auf den Effekten nichtlinearer Optik bei hohen Intensitäten halbieren sie die emittierte Wellenlänge auf 530 nm. Damit ist das Laserlicht sichtbar, was einen deutlichen Sicherheitsgewinn bedeutet. Zudem wird es von den meisten Materialien, insbesondere den gut leitfähigen Metallen, besser absorbiert. Der Wirkungsgrad der Frequenzverdoppelung ist allerdings gering.

2.4.2 Geometrie des aktiven Mediums

In der Regel weist der laseraktive Festkörper die Form eines Rundstabes auf. Die Pumpkammer besteht aus einem einfachen oder doppelten Ellipsoid mit einer oder zwei Pumplampen. Lampe und Laserstab liegen jeweils in den Brennpunktlinien des Ellipsoids. Neben hochreflektierenden, teils mehrlagigen Metallbeschichtungen werden auch diffus reflektierende Beschichtungen für die Pumpkammern verwendet. Letztere sollen das Auftreteten lokaler Überhitzungen im Laserstab vermeiden.

Ein thermisch stabiles und damit lastinvariantes Betriebsverhalten von Festkörperlasern läßt sich durch eine geeignete plattenförmige Gestaltung des laseraktiven Kristalls erreichen (Bild 2.8). Im Englischen werden diese als "Slablaser" bezeichnet. Charakteristisch für diesen Lasertyp ist, daß der Strahl nicht geradlinig sondern zick-zack, gespiegelt an den seitlichen Begrenzungsflächen, durch den Kristall läuft. Dadurch werden die thermische Abhängigkeiten der Geometrie und des Brechungsindexes kompensiert und das Resonatorvolumen besser ausgenutzt. Die Kühlung erfolgt nur von 2 der 4 seitlichen Begrenzungsflächen. Die Endflächen des Kristalls sind im Brewsterwinkel angeschrägt, so daß für Licht einer Polarisationsrichtung Reflexionsverluste vermieden werden. Infolge ist die Polarisation der Strahlung linear ausgeprägt. Gerade wegen der thermischen Invarianz und damit der guten Regelbarkeit der Strahlleistung eignet sich dieser Lasertyp für den Einsatz mit Robotern. Denn damit ist eine geschwindigkeitsabhängige Leistungsregelung, beispielsweise über die Vorgabe der Pulsfrequenz möglich.

Eine weitere Entwicklung sind rohrförmige Laserkristalle, die eine bessere Ausnutzung der von der Pumplampe emittierten Leistung ermöglichen, weil der Kristall die Lampe umschließt. Somit sind die Refexionsverluste geringer und ein für die Kühlung günstigeres Verhältnis von Oberfläche zu Volumen wird erreicht. Industriell einsetzbar sind derartige Systeme jedoch zur Zeit noch nicht.

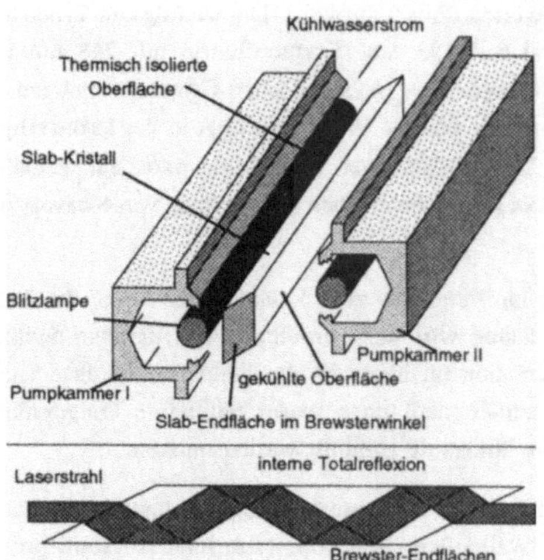

*Bild 2.8: Oben: Aufbau eines Slablasers.
Unten: Strahlengang im Querschnitt*

2.4.3   Anregung

Wie eingangs erwähnt, findet die optische Anregung meist mit Blitz- oder Bogen-lampen statt. Noch in der Entwicklung befindet sich das optische Pumpen mit hochfrequenzangeregten Lampen, deren Emissionsspektrum besser denjenigen Absorptionsbanden des Nd:YAG-Kristalls entspricht, von denen aus der metastabile Zustand bevölkert wird. Eine zweite Entwicklungsrichtung zielt auf die Anregung mit Laserdioden ab. Auch mit diesen Halbleiterlasern aus Gallium-Aluminium-Arsenid (GaAlAs) erreicht man eine bessere spektrale Anpassung, einen höheren Wirkungsgrad und eine längere Lebensdauer. Jedoch liegen die Stückkosten derzeit für die Anregung industrieller Leistungslaser noch viel zu hoch.

2.5   Perspektiven neuer Strahlquellen für die Laser-robotik

Weitere Strahlquellen mit anderen Wellenlängen oder höherem Wirkungsgrad können die beschriebenen Laser in ihren Anwendungsfeldern für die Robotik ergänzen.

Bislang werden nach den CO_2- und den Nd-Lasern *Excimer-Laser* am häufigsten für die Materialbearbeitung eingesetzt. Der Excimerlaser ist ein spezieller Gasentladungslaser, der als aktives Medium kurzeitig im angeregten Zustand existierende 2-atomige Moleküle (Excimer = excited dimer) aufweist. Die wichtigsten Typen von Excimer-Lasern sind Argonfluorid mit 193 nm, Kryptonfluorid mit 248 nm und Xenonchlorid mit 308 nm Wellenlänge. Aus physikalischen Gründen erzeugen sie nur kurze Impulse im Bereich von 50 - 100 ns. Ihr Vorteil liegt in der kurzwelligen UV-Strahlung, die sowohl zum Bohren kleinster Löcher als auch zur gezielten Abtragung im µm-Bereich sowie zur photochemischen Bearbeitung von Kunststoffen geeignet ist.

Der *Kohlenmonoxid-Laser* weist im Vergleich zum Kohlendioxid-Laser die halbe Wellenlänge, nämlich 5 µm auf. Daher wird seine Strahlung von Metallen deutlich besser absorbiert. Außerdem lassen sich für diesen Wellenlängenbereich eher Licht-leitfasern bauen. Nachteilig ist jedoch, daß diese Laser bei tiefen Temperaturen betrieben und daher mit flüssigem Stickstoff gekühlt werden müssen.

Der *Jodlaser* wird durch eine chemische Reaktion angeregt. Es lassen sich damit hohe Leistungen realisieren. Die Wellenlänge liegt um 1 µm und ist damit gut für die Übertragung mittels Lichtleitern geeignet. Problematisch sind allerdings die hohen Betriebskosten, die von den Ausgangssubstanzen der Reaktion anfallen.

3 Laser-Bearbeitungsverfahren

Es ist möglich, mit dem Laser die verschiedensten Fertigungsverfahren durchzuführen (Bild 3.1).

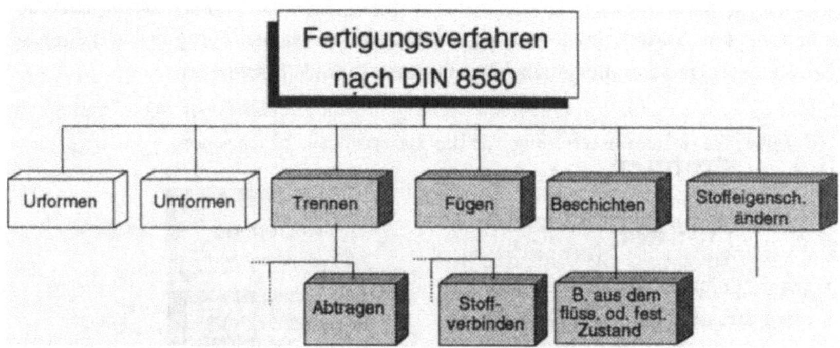

Bild 3.1:   Einteilung der Fertigungsverfahren nach DIN 8580

Laser weisen als Bearbeitungswerkzeuge folgende Vorteile auf:

- Berührungslose Bearbeitung. Daher ist die Bearbeitung nahezu frei von mechanischen Kräften und es tritt außer einer möglichen Verschmutzung der Prozeßoptik kein herkömmlicher Werkzeugverschleiß auf.

- Keine mechanische und nur mäßige thermische Belastung des Werkstücks aufgrund der sehr hohen, räumlich begrenzten Energiedichte am Bearbeitungspunkt. Daher lassen sich sowohl harte, spröde als auch weiche Werkstoffe bearbeiten.

- Hohe Bearbeitungsgeschwindigkeit bei gleichzeitig guter Reproduzierbarkeit der Ergebnisse.

- Kein Umrüsten des Werkzeugs für verschiedene Bahngeometrien. Dieser Vorteil zeigt sich insbesondere beim Trennen im Vergleich zum Stanzen, das je nach zu bearbeitender Kontur spezielle Werkzeuge benötigt.

- Einsetzbar für nahezu beliebige dreidimensionale Konturen.

- Kurze Nebenzeiten durch verzögerungsfreies Ein- und Ausschalten des Strahls.

- Vielseitigkeit hinsichtlich des fertigungstechnischen Einsatzes und damit gute Integrationsmöglichkeiten in eine flexibel automatisierte Fertigung.

Der Laser hat aber auch einige Nachteile:

- Laseraggregate haben einen geringen Wirkungsgrad, der bei 3 - 25 % liegt.

- Für einen Laserroboter inklusive Strahlquelle fallen hohe Investitionskosten an.

- Strahlenschutz- und Absaugmaßnahmen sind erforderlich.

Das mögliche Werkstoffspektrum ist sehr breit: Metalle, Gummi, Holz, Asbest, Keramik und verschiedenste Kunststoffe lassen sich bearbeiten. Bei den Metallen ist eine geringe Wärmeleitfähigkeit und ein hoher Absorptionsgrad für die Laserbearbeitung von Vorteil. Im folgenden werden die möglichen Fertigungsverfahren in der Reihenfolge ihrer Bedeutung für die Laserrobotik beschrieben.

3.1 Trennen

Das Trennen mit Laserstrahl gehört zur Verfahrensgruppe "Thermisches Trennen durch Strahl" (Bild 3.2). Andere Strahlen, die als Werkzeuge eingesetzt werden können, sind z. B. Ionen- oder Elektronenstrahlen. Die mit dem Laser möglichen Trennverfahren sind Schneiden, Bohren und Material Abtragen. In dieser Reihenfolge werden sie gemäß ihrer wirtschaftlichen Bedeutung beschrieben.

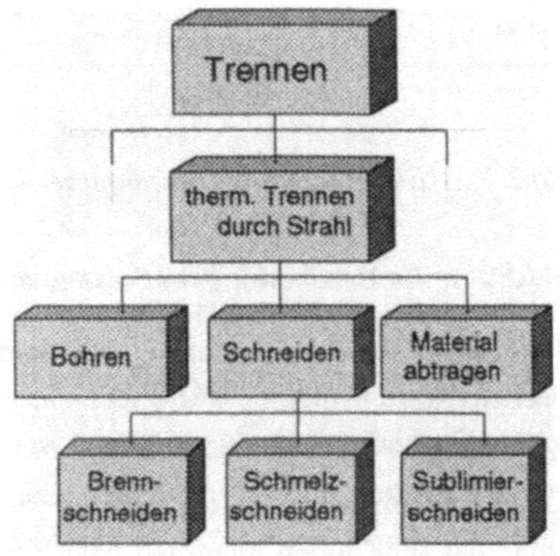

Bild 3.2: Einordnung des Trennens mit Laserstrahl in die Fertigungsverfahren

3.1.1 Schneiden

Das Schneiden ist zur Zeit eine der wichtigsten Einsatzmöglichkeiten von Industrielasern und gleichzeitig das am weitesten verbreitete Verfahren bei der räumlichen Bearbeitung. Die weitgehende Unabhängigkeit von Vorrichtungen und speziellen Werkzeugen bietet immense Vorteile in der Prototypen- und Variantenfertigung tiefgezogener Teile. Ausbrüche, die nur für bestimmte Sonderausführungen benötigt werden, können so in einer späten Fertigungsstufe geschnitten werden.

Ein Vergleich mit Autogen- und Plasmatrennverfahren zeigt, daß mit dem Laser Stahlbleche wirtschaftlich bis zu einer Stärke von 12 mm getrennt werden können. Darüber hinaus ist sein Einsatz bei besonders hohen Genauigkeitsanforderungen bis zu Blechstärken von 20 mm und mehr gerechtfertigt.

Der Laser erlaubt die Verarbeitung spröder, harter und hochschmelzender Werkstoffe wie z.B. Titan, welches sonst nur sehr zeitaufwendig und mit hohem Werkzeugverschleiß zu bearbeiten wäre. Selbst die problematischen Materialien Aluminium und Kupfer mit ihren hohen Reflexionsgraden für Infrarotstrahlung sind heutzutage bei Aufbringung einer entsprechenden Strahlintensität laserschneidbar.

Die kleine Wärmeeinflußzone, die bei Metallen zwischen 50 und 150 μm beträgt, minimiert Verzug, Kornvergrößerung und Materialverlust. Der Schnittspalt beträgt zwischen 0,2 und 1 mm. Die minimal erreichbare Rauhtiefe der Schnittkanten liegt zwischen 5 und 50 μm, so daß das Werkstück für die meisten Weiterverwendungen nicht nachbearbeitet werden muß. Bei Stahlblech verbleiben in der Schnittkante Druckspannungen, die der Ausbildung von Kerbrissen entgegenstehen. Bei Aluminium hingegen resultieren wegen der speziellen Materialeigenschaften Zugspannungen, die Kerbrisse begünstigen können.

Die folgende Tabelle zeigt zum Vergleich die Breiten der Wärmeeinflußzonen beim Schnitt eines 6,2 mm starken Stahlblechs mit anderen thermischen Verfahren [MAIR 90].

Schneidverfahren	Schnittspalt	Wärmeeinflußzone
Plasmaschneiden	3,2 mm	0,4 mm
Sauerstoffschmelzschneiden	0,9 mm	0,6 mm
CO_2-Laserbrennscheiden	0,3 mm	0,05 mm

Die erreichbare Schnittgeschwindigkeit beim Laserschneiden ist ungefähr proportional zum Verhältnis Laserleistung/Fokusradius. Voraussetzung für einen kleinen Fokusradius ist eine günstige Intensitätsverteilung, also bei stabilen Resonatoren ein möglichst gaußähnlicher Mode (s. Kap. 2.2.1). Zum Schneiden werden CO_2-Laser mit Leistungen bis zu 2000 W und Nd:YAG-Laser mit Leistungen bis 500 W eingesetzt.

Beim Laserschneiden können drei verschiedene Prozeßarten unterschieden werden (vgl. Bild 3.2):

- Sublimierschneiden

- Schmelzschneiden

- Brennschneiden

3.1.1.1 Lasersublimierschneiden

Beim Lasersublimierschneiden erfolgt der Materialabtrag überwiegend durch Verdampfen des Werkstoffs. Der enstehende Metalldampf wird durch den Schneidgasstrahl ausgeblasen, um ein Kondensieren und anschließendes Erstarren in der Fuge zu verhindern. Bei extrem hohen Leistungsdichten über 10^9 W/cm^2 besteht die Gefahr der Ablösung einer Plasmawolke, wodurch die Laserstrahlung vom Werkstück entkoppelt wird. Da die Strahlintensität somit nicht beliebig gesteigert werden darf, sind die erreichbaren Vorschubgeschwindigkeiten sehr gering. Entsprechend schlecht ist auch die Ausnutzung der eingesetzen Laserenergie bezüglich der geschnittenen Werkstofffläche. Um die Oxidation der Schnittkante zu vermeiden, eignen sich die inerten Schutzgase Stickstoff oder Argon. Da nahezu keine Schmelze entsteht, bilden sich glatte Schnittkanten aus. Dieses Verfahren läßt sich jedoch nur bei dünnen Werkstücken anwenden. Die Materialdicke bei Metallen darf den Fokusdurchmesser nicht übersteigen [SCHÄ 89]. Experimentelle Untersuchungen zum Prozeßablauf finden sich in [ARAT 81].

3.1.1.2 Laserschmelzschneiden

Beim Laserschmelzschneiden erfolgt der Materialabtrag ausschließlich über die flüssige Phase. Bevor ein Stofftransport in der Dampfphase erfolgen kann, wird der geschmolzene Werkstoff von einem koaxial zum Laserstrahl angeordneten Inertgasstrahl ausgeblasen (Bild 3.3).

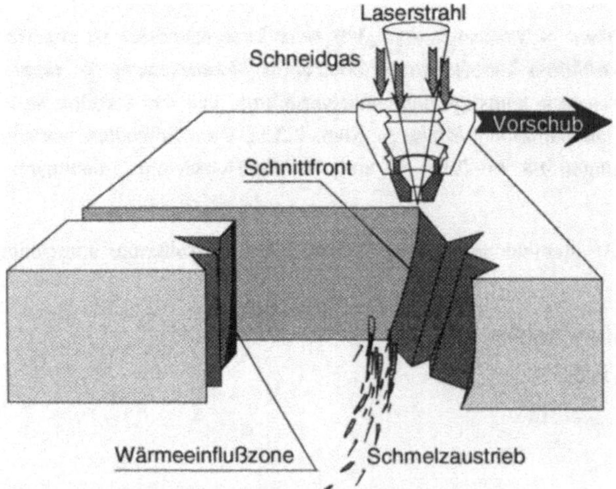

Bild 3.3:   Wirkprinzip des Laserschneidens, nach [RICH 87]

Die Schmelzenthalpie von Metall ist wesentlich geringer als die Verdampfungs-
enthalpie. Untersuchungen von Semrau [SEMR 89] haben bestätigt, daß mit gleicher
Laserleistung beim Laserschmelzschneiden höhere Schnittgeschwindigkeiten erreicht
werden als beim Lasersublimierschneiden. Für reines Laserschmelzschneiden ist der
Bereich der zulässigen Leistungsflußdichte stark eingeengt. Beispielsweise liegt er
für Stahl zwischen 10^4 und 10^5 W/cm^2. Aufgrund der vergleichsweise hohen Viskosität der Schmelze ist das Ausblasen des Fugenwerkstoffs der geschwindigkeits-
begrenzende Faktor.

Dieser Tatsache wird beim Hochdruckschmelzschneiden Rechnung getragen. Dabei
wird mit Schneidgasdrücken über 0,8 MPa gearbeitet und statt der üblicherweise
eingesetzten einfachen Lochdüse eine Lavaldüse verwendet, die eine Gasaustritts-
geschwindigkeit im Überschallbereich ermöglicht. Ein weiterer Vorteil der Lavaldüse
ist die geringere Empfindlichkeit des Bearbeitungsergebnisses hinsichtlich des Dü-
senabstands. Einer Abstandstoleranz von ±0,1 mm bei normalen Düsen steht eine
Toleranz von ±0,3 mm bei richtig ausgelegter Lavaldüse gegenüber. Die minimal
erforderliche Laserausgangsleistung beträgt 1 kW. Die Schnittgeschwindigkeiten
werden so gegenüber dem Schmelzschneiden bei Normaldruck um rund einen Meter
pro Minute erhöht [SEMR 88]. Durch die Verwendung von Inertgas bleibt die
Schnittkante auch bei hochlegierten Stählen frei von Oxidschichten. Die Wärmeeinflußzone geht gegenüber dem Normaldruckverfahren deutlich zurück.

3.1.1.3 Laserbrennschneiden

Wenn Sauerstoff oder Luft anstelle von Inertgas als Schneidgas verwendet wird,
reagiert das vom Laserstrahl auf Zündtemperatur erhitzte Material stark exotherm
mit dem Schneidgas. Man spricht dann von Laserbrennschneiden. Der Anteil der
Reaktionswärme am Schneidvorgang beträgt für die Paarung Stahl-Sauerstoff ca.
60 %. Der Verlauf der Reaktion hängt von einer Vielzahl von Faktoren ab. So
beeinflußen zum Beispiel die Strömungsgeschwindigkeit sowie die Diffusionskon-
stante des Sauerstoffs im flüssigen Metall und damit seine Reinheit die Reaktionsrate
der Verbrennung. Verbreitete Anwendung findet das Brennschneiden bei niedrig
legierten Stählen. Es eignet sich aber auch prinzipiell für austenitische Stähle. Die
Grenze der trennbaren Blechdicke liegt jenseits von 20 mm. Die erreichbaren
Schnittgeschwindigkeiten liegen um den Faktor 6 - 8 höher als beim reinen Schmelzschneiden. Das Lasersublimierschneiden benötigt zum Vergleich ungefähr die zehn-
fache Energie des Laserschmelzschneidens und die zwanzigfache des Laserbrenn-
schneidens. Nachteilig wirkt sich allerdings beim Brennschneiden die Bildung einer
Oxidschicht aus, die die Haltbarkeit von Beschichtungen herabsetzt.

3.1.1.4 Nahtvorbereitung durch Laserschneiden

Das Laserschneiden wird in zunehmendem Maße auch zur Nahtvorbereitung beim
Laserschweißen genutzt. Bisher wurden die im I-Stoß zu verschweißenden Blech-
kanten mit Tafelscheren oder anderen mechanischen Bearbeitungsmethoden vorbe-
reitet. Der beim Laserschweißen geforderte geringe Luftspalt zwischen beiden Werkstücken war damit nicht ohne weiteres zu erreichen. Eine Erleichterung bringt das
Tapetenschneideverfahren [WIRT 84]. Hier schneidet der Laser zwei übereinander-
liegende Blechteile gleichzeitig. Nach Entnahme des Abfalls werden die Werkstücke
in Schweißposition gebracht und durch Spannvorrichtungen fixiert. Das Schweißen
erfolgt im Anschluß in der gleichen Spannvorrichtung und gegebenenfalls mit der
gleichen Strahlquelle. Bei Schweißlasern, die eine hohe Leistung aber eine zum
Schneiden ungünstige Intensitätsverteilung aufweisen, kann die Strahlqualität durch
Einbringen einer Modenblende in den Resonator verbessert werden. Dabei wird eine
verminderte Ausgangsleistung in Kauf genommen. Auch ein Wechsel der Düsenspitze und des Arbeitsgases ist im allgemeinen notwendig. Ein Wechsel der Fokussieroptik ist hingegen nicht zwingend erforderlich.

Untersuchungen zur Schweißnahtvorbereitung mittels Laserbrennschneiden zeigen,
daß sich entgegen früheren Annahmen die Oxidschicht nicht generell nachteilig auf
die Schweißung auswirkt, sondern, daß die Aufhärtung in der Schweißnaht im
Vergleich zu mechanisch vorbereiteten Kanten um 20 % niedriger ausfällt
[FRIN 84]. Dies ist darauf zurückzuführen, daß die in der Schnittfläche vorhandene
Oxidschicht sich beim Schweißen in der Schmelze löst. Ein Teil des Sauerstoffs
reagiert dann mit dem in Stahl vorhandenen Kohlenstoff, sodaß dieser nicht mehr
für die zur Aufhärtung führenden Gitterfehler zur Verfügung steht. Auch die optische
Qualität der Schweißnähte ist bei lasergeschnittenen Kanten meist höher als bei
mechanisch geschnittenen. Auf eine Nachbearbeitung kann in den meisten Fällen
verzichtet werden. Beim Schweißen austenitischer Stähle sind allerdings oxidfreie
Kanten Voraussetzung. Diese lassen sich durch das Hochdruck-Inertgasschneiden
erzielen.

3.1.1.5 Prozeßmodell zum Laserbrennschneiden

Prozeßmodelle sollen dazu dienen, Voraussagen über optimale Einstellparameter zu
machen. Um die Bedeutung solcher Modelle für die Laserbearbeitung zu überprüfen,
wurde für ein Verfahren beispielhaft ein Modell ausgewählt, durchgerechnet und
mit den eigenen experimentellen Daten verglichen.

Das Brennschneiden ist unter den Lasertrennverfahren derzeit das wirtschaftlich bedeutendste. Es existieren verschiedene Modelle hierzu. Einen Überblick darüber vermittelt [VINK 90]. Der Prozeßablauf enthält die Aspekte des Sublimier- und Schmelzschneidens. Im folgenden ist der prinzipielle Verfahrensablauf geschildert:

Metallische Oberflächen absorbieren einen Teil der Laserstrahlung, der überwiegende Teil wird bei niedrigen Leistungsflußdichten reflektiert. Die Absorption ändert sich bis zu Temperaturen dicht unterhalb des Siedepunkts nicht wesentlich, um dann sprungartig auf einen Wert nahe eins anzusteigen. Auch beim Einfluß der Leistungsdichte auf die Absorption wurde ein schwellwertartiges Verhalten festgestellt. So steigt bei Leistungsdichten von 10^5 W/cm^2 die Absorption sprunghaft an [JÜPT 80]. Ursache dafür ist die Ausbildung eines Stichlochs mit einem Mikroplasma, in dem die Laserstrahlung fast vollständig absorbiert wird. Die Entstehung einer Oxidschicht kann zur Verbesserung der Absorption beitragen [ENEF 81]. Der Absorptionskoeffizient von FeO liegt nämlich zwischen 0,8 und 0,92 [ROTH 80]. Verunreinigungen haben dabei großen Einfluß auf die Diffusivität und damit auf die Reaktionsrate des erhitzten Eisens mit dem Sauerstoff.

Eines der ausführlichsten Modelle ist das von Rothe [ROTH 80]. Es stellt einen Zusammenhang zwischen zugeführter Leistung, Schneidgasgeschwindigkeit, Schnittfugengeometrie sowie Schnittiefe und Schnittgeschwindigkeit her. Rothe verwendet das Modell einer senkrechten Linienquelle, wobei die Laserleistung über die gesamte Werkstückdicke gleichmäßig zugeführt wird. Eine weitere vereinfachende Annahme sind parallele Schnittflanken und eine senkrechte, durch die Schmelzisotherme definierte Schneidfront. Wärmeverluste durch Konvektion werden vernachlässigt. Im Gültigkeitsbereich muß die Temperatur unterhalb der Verdampfungstemperatur liegen.

Die insgesamt zugeführte Leistung P_{zu} ist die Summe von Laserleistung P_L und Verbrennungsleistung aus der exothermen Reaktion P_b :

$$P_{zu} = P_L + P_b \tag{3.1}$$

$$P_b = w_K \, a \, v \, \rho_w \, G_0 \, K_m \, (1 - exp \, (- v/K_m)) \tag{3.2}$$

w_K: Schnittspaltbreite

a: Schnittiefe

v: Schnittgeschwindigkeit

ρ_w: Werkstoffdichte

G_0: spezifische Reaktionsenthalpie

K_m: Massentransportkoeffizient

Der Massentransportkoeffizient K_m berücksichtigt den Diffusionseinfluß bei der chemischen Reaktion zwischen Fe und O_2. Bedingung für das Entstehen eines Schnittes ist, daß die zugeführte Leistung P_{zu} mindestens so groß ist wie die durch Wärmeleitung abgeführte Leistung. Die Verbrennungsleistung P_b aus der exothermen Reaktion wird durch die endliche Zufuhr von O_2 begrenzt. Deshalb gilt:

$$P_{b,max} = w_K{}^2 \; (\pi/4) \; v_0 \; G_0 \tag{3.3}$$

v_0: Geschwindigkeit des Sauerstoffs an der Oberfläche

Eine weitere Begrenzung der Schneidgeschwindigkeit ergibt sich durch das Problem des Schlackenausblasens. Wird der gesamte Impuls des Gases übertragen, so gilt:

$$v_{Imp,max} = w_K \; \pi \; (v_0\text{-}v_1) \; \rho_g / \; (4 \; \rho_w \; a \; v_1) \tag{3.4}$$

v_0:   Strömungsgeschwindigkeit an der Werkstückoberfläche

v_1:   Strömungsgeschwindigkeit beim Austritt aus dem Schnittspalt

ρ_g: Dichte des Schneidgases (Sauerstoff)

Im folgenden wird anhand dieses Modells, welches die Basis eines Rechnerprogramms ist, beispielhaft eine Abschätzung der erreichbaren Schnittgeschwindigkeiten vorgenommen. Eingangsgrößen in die Berechnung sind:

1. Werkstückdaten: Schnittiefe a, Dichte ρ_w, Schmelztemperatur T_M, Wärme- und Temperaturleitfähigkeit für Schmelztemperatur, Massentransportkoeffizient K_m, kritische Temperatur in der Schnittfläche T_V (Siedetemperatur).

2. Leistungsdaten: Freie Reaktionswärme G_0, Laserleistung P_L

3. Schnittfugenbreite w_K

4. Gasparameter

Zunächst wird die über Wärmeleitung abtransportierte Leistung P_{leit} in Abhängigkeit von der Vorschubgeschwindigkeit errechnet, anschließend die maximal zuführbare Verbrennungsleistung $P_{b,max}$ und die damit erreichbare Schnittgeschwindigkeit. Durch die Berechnung der mittleren Schmelzschichtdicke und der Maximaltemperatur an der Schnittoberfläche wird überprüft, ob die kritische Temperatur T_V erreicht ist. Schließlich erfolgt eine Kontrolle, ob die maximale Vorschubgeschwindigkeit $v_{imp,max}$, begrenzt durch Impulsübertrag des Schneidgases, erreicht ist.

Mit dem Rechnerprogramm von Rothe wurden einige exemplarische Berechnungen durchgeführt. Als Düsenaustrittsgeschwindigkeit des Schneidgases werden bei den vorliegenden Strömungsbedingungen (0,5 MPa Schneidgasdruck) 360 m/s errechnet.

Durch die Nachexpansion des Gasstrahls und dem damit verbundene Abfall der Schallgeschwindigkeit sowie durch Verwirbelungen zwischen Düse und Werkstückoberfläche ist mit einem starken Abfall der Strömungsgeschwindigkeit zu rechnen. Als Auftreffgeschwindigkeit des Schneidgases auf die Werkstückoberfläche werden deshalb Werte zwischen 300 m/s und 330 m/s angenommen. Unter 10 mm Schnittiefe reichte auf dem benutzten Rechner die numerische Genauigkeit nicht für eine konvergente Lösung der Näherungsverfahren aus. Bei 10 mm Schnittiefe wurde eine maximale Schnittgeschwindigkeit von 1,6 m/min errechnet. Die im eigenen Experiment erreichte Schnittgeschwindigkeit lag bei 1,5 m/min. Für 20 mm Schnittiefe beträgt die errechnete Geschwindigkeit 1 m/min. Eine ebenfalls von diesem Programm durchgeführte Optimierung der Fokussierung empfiehlt den Einsatz einer Brennweite von 300 mm, da im Modell aus einer Verbreiterung der Schnittfuge eine bessere Schlackenaustreibung und etwas höhere Schnittgeschwindigkeiten resultieren. Tatsächlich konnte die experimentell erreichte Schnittgeschwindigkeit von 0,7 m/min bei 150 mm Brennweite auf 1 m/min bei 300 mm Brennweite gesteigert werden.

Damit wird insgesamt die Bedeutung eines Prozeßmodells für die Laserbearbeitung belegt. Neben einer Abschätzung der erreichbaren Vorschubgeschwindigkeit ermöglicht es auch die Optimierung der Einstellgrößen wie beispielsweise der Brennweite. Die empfohlene Verwendung der 300 mm Optik widersprach zunächst dem intuitiven Empfinden, weil das aufgeschmolzene Werkstoffvolumen dadurch größer wird, konnte aber im Experiment als sinnvoll bestätigt werden.

3.1.2 Bohren

Das Bohren mit dem Laserstrahl bietet folgende Vorteile:

- Der Laser erlaubt eine hohe Arbeitsgeschwindigkeit.
- Es lassen sich große Tiefen bei kleinem Durchmessser erreichen.
- Das Bohren von Verbundwerkstoffen ist möglich.
- Besonders Stahl erfordert nur geringe bis keine Nachbearbeitung.
- Das Bohren erfolgt ohne mechanische Beanspruchung und damit ohne Verformung des Werkstücks.
- Man kann auch gehärtete Stähle, Hartmetall und Keramik bearbeiten.
- Das Bohren auf Schrägen ist möglich.
- Es tritt kein Werkzeugverschleiß auf.

Zum Bohren werden bislang Laserroboter kaum eingesetzt. Für das Bohren ist von der Laserseite her eine große Rayleighlänge und eine hohe Pulsleistung erforderlich (vgl. Kap 4.4). Beides kann beispielsweise der Nd:YAG-Slablaser gewährleisten. Der minimal erreichbare Durchmesser wird von der Strahlqualität, dem Faserdurchmesser und der Abbildung auf den Bearbeitungsort bestimmt. Der maximale Durchmesser wird durch die zum Verdampfen notwendige Leistungsflußdichte begrenzt.

Erweitern läßt sich der Lochdurchmesser durch die Methode des Trepanierens. Dabei führt die Fokussiereinheit im Bearbeitungskopf eine Kreisbewegung aus. Es handelt sich in Wirklichkeit um eine spezielle Form des Laserschneidens. Anwendung kann dieses Verfahren beispielsweise für Karosserieausschnitte finden: Die Zustellbewegung kann über einen Portalroboter mit begrenzter Genauigkeit erfolgen. Die eigentliche Bearbeitungsbewegung wird nur vom Werkzeug, dem Trepanierkopf, ausgeführt.

3.1.3 Material Abtragen

Für das Laserabtragen definierter Schichtdicken oder Volumina spielen Roboter derzeit keine Rolle. Dieses Verfahren wird z. Z. ausschließlich mit modifizierten Fräsmaschinen durchgeführt, die für die erforderlichen schnellen Pendelbewegungen besser geeignet sind.

3.2 Fügen

Der Laser kann als thermisches Werkzeug die Fügeverfahren Löten und Schweißen, in Sonderfällen auch laserinduziertes Kleben abdecken. Alle drei Verfahren gehören innerhalb des Fügens zur Untergruppe des Stoffverbindens (Bild 3.4). In Verbindung mit Robotern liegt der Schwerpunkt innerhalb der Fügeverfahren gegenwärtig eindeutig beim Schweißen.

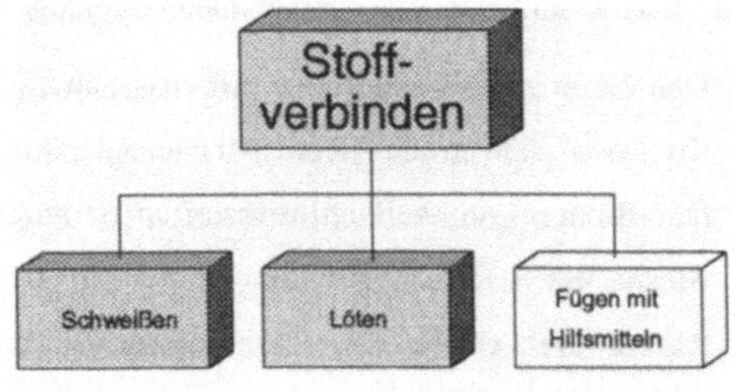

Bild 3.4:   *Möglichkeiten des Stoffverbindens mit Laser*

3.2.1 Schweißen

Beim Laserschweißen handelt es sich i. allg. um ein Schmelz-Verbindungsschweißen. Es zählt dabei zu den Strahlschweißverfahren (Bild 3.5). Nur in Ausnahmefällen wird der Laser zur Unterstützung des Preßschweißens eingesetzt. Die Art des Schweißprozesses und der Energieübertragung ins Bauteil hängt entscheidend von der Leistung und Wellenlänge des Lasers ab. Je nach Prozeßausprägung unterscheidet man zwischen Wärmeleitungs-, Schmelzbad- und Tiefschweißen. Die jeweiligen Schwelleistungen hängen von der spektralen Absorption der Werkstückoberfläche und des auftretenden Plasmas und daher von der Wellenlänge des Lasers ab.

Durch die eingebrachte Energie verdampft der Werkstoff und es entsteht ein Dampfkanal, auch Stichloch, engl. keyhole genannt. In ihm kann der Laserstrahl tief in das Werkstück eindringen. Das "keyhole" verhält sich dabei aufgrund der Mehrfachreflexionen und der Restabsorption an den Seitenwänden des Kanals wie ein ideal schwarzer Körper. Falls die Leistungsflußdichte des Laserstrahls nicht zur Erzeugung eines Stichlochs ausreicht, geht die Absorption aber stark zurück. Wird nun der

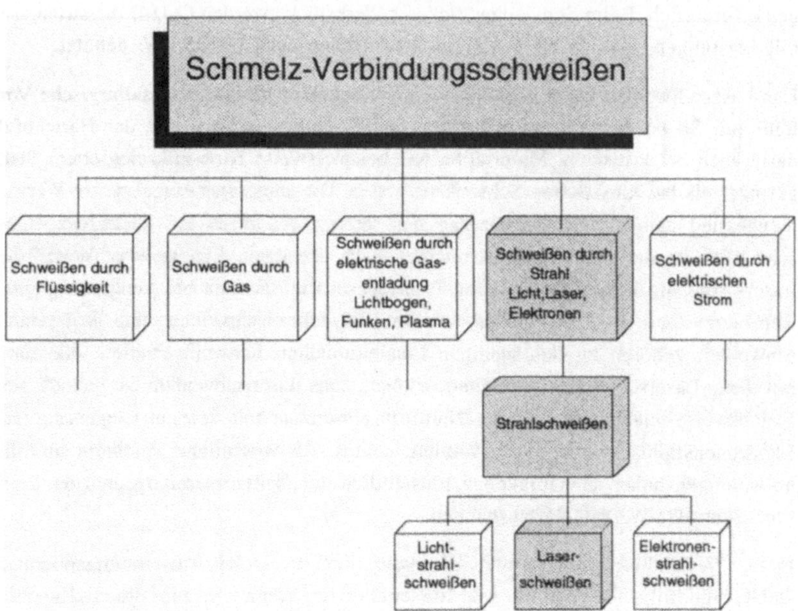

Bild 3.5:   Einordnung des Laserschweißens

Strahl relativ zum Werkstück bewegt, bewegt sich der Dampfkanal durch den Werkstoff.

Mit CO_2-Lasern läßt sich ab einer Leistung von ca. 1,5 kW ein Tiefschweißeffekt erzielen. Bei Nd:YAG-Lasern tritt dieser Effekt nicht auf, die Grenze für das Schmelzbadschweißen liegt bei ca. 1 kW. Unterhalb dieser Schwelleistungen wird der größte Teil der Laserstrahlung reflektiert und man erzielt nur sehr flache Schweißnähte, die zwar Dichtheits- aber weniger Festigkeitsanforderungen genügen. Dies ist der Bereich des Wärmeleitungsschweißens. Beim Schmelzbadschweißen ist bereits ein tiefergehendes, konvektiv durchmischtes Schmelzbad (engl. weldpool) vorhanden. Beim Tiefschweißen dringt der Laserstrahl in einer Dampfkapillare tief in das Werkstück ein. Die unterschiedliche Charakteristik der Schweißarten ergibt sich aus den Verhältnissen von zugeführter Laserleistung zu abfließendem Wärmestrom.

In der Feinwerk- und Elektrotechnik werden meist gepulste Nd:YAG-Laser eingesetzt. Die Naht entsteht durch Aneinanderreihen von Schweißpunkten. Im Unterschied zum Widerstandspunktschweißen sind grundsätzlich externe Haltevorrichtungen erforderlich. Beim Schweißen dickerer Werkstücke werden CO_2-Dauerstrichlaser mit Leistungen von 1,5 bis 6 kW, in Sonderfällen auch bis 25 kW, benutzt.

Das Laserschweißen weist gegenüber konventionellen Verfahren metallurgische Vorteile auf. So ist die Wärmeeinflußzone (WEZ) äußerst schmal und der Härteabfall darin auch bei kritischen Materialien wie beispielsweise Niob-mikrolegiertem Stahl geringer als bei klassischen Schweißmethoden. Die insgesamt eingebrachte Wärmemenge und damit der Bauteilverzug sind gering. Allenfalls das Elektronenstrahlschweißen ist darin dem Laserschweißen noch überlegen. Ein weiterer Vorteil des Lasers sind die hohen erreichbaren Prozeßgeschwindigkeiten bei gleichzeitig guter Reproduzierbarkeit. Die Spezialverfahren Bördelpreßschweißen und Rollennahtschweißen gehören zu den wenigen konventionellen Schweißverfahren, die darin mit dem Laserschweißen mithalten können. Das Laserschweißen ist jedoch vergleichsweise unabhängig von der Nahtform einsetzbar und setzt im Gegensatz zum Elektronenstrahlschweißen kein Vakuum voraus. Als wesentliche Nachteile sind die notwendigen hohen Genauigkeiten hinsichtlich der Nahtvorbereitung und der Positionierung der Werkstücke zu nennen.

In der Verbindung umgeformter Blechteile liegt in großes Anwendungspotential. Dabei sind folgende Vorteile von Bedeutung: im Vergleich zum Punktschweißen besserer Korrosionsschutz, mehrfach höhere statische und ca. 30 % höhere dynamische Steifigkeit, Gewichtseinsparung und im Vergleich zum MIG/MAG-Schweißen geringere Wärmeeinbringung (geringerer Verzug) und bessere Automatisierbarkeit. Weiter werden durch die Anwendung sichtbarer Lasernähte ohne Nacharbeit völlig neue Konstruktionsvarianten im Automobil- sowie im Maschinenbau ermöglicht.

Tiefgezogene Feinbleche sind beispielsweise für die Automobilindustrie von großer Bedeutung. Es ist heutzutage ohne Probleme möglich, unbeschichtetes ebenes Feinblech mit dem Laser im I- und im Überlapp-Stoß zu verschweißen. Beschichtete Bleche mit dem Laser zu verschweißen, ist eine wichtige Alternative zum Widerstandsschweißen, da die Punktschweißzangen mit ihren Kupferelektroden auf Grund der großen Affinität von Kupfer zu Zink einem hohen Verschleiß unterliegen. Ferner bleibt bei den schmalen Lasernähten aufgrund der kathodischen Fernwirkung der Korrosionsschutz des Zinks bestehen. Das Laserschweißen setzt bei der Überlappnaht voraus, daß der zwischen den Blechen entstehende Zinkdampf entweichen kann. Geschieht dies nicht kontrolliert, so entstehen starke Spritzer und Poren. Um dem Zinkdampf einen Weg zu eröffnen, kann ein definierter Spalt zwischen den Blechen eingestellt werden. Dies geschieht entweder in der Spannvorrichtung oder durch eingeprägte Sicken. Eine andere Methode stellt das gepulste Schweißen mit einer Leistung von mindestens 6 kW dar. Die Pulspausen müssen so eingestellt werden, daß dabei jeweils das verdampfte Zinkvolumen entweichen kann. Eine weitere Methode ist bei Leistungen von mindestens 9 kW die spezielle Gestaltung des Strahlfokus, z. B. als Doppelfokus [NUSS 90]. Damit wird das Schmelzbad vergrößert und ebenfalls ein kontrolliertes Entweichen des Zinkdampfes möglich.

3.2.2 Löten

Das Laserlöten ist noch wenig verbreitet. Gegenwärtig hält es Einzug in die SMD-Technik (surface mounted device). Dort erwartet man sich eine bessere Reproduzierbarkeit, geringere thermische Schädigung der elektronischen Bauteile sowie Vorteile durch eine höhere Flexibilität, die insbesondere beim Reparaturlöten gut zum Einsatz kommen kann. Bei den gegenwärtigen Abmessungen der SMD-Module reichen für die relativ geringen zu übertragenden Laserleistungen im allgemeinen Galvanoscanner zur Positionierung des Laserstrahls aus. Für größere Baugruppen ist der Einsatz von SCARA-Robotern in Verbindung mit Lichtleitern und Nd-Lasern denkbar.

3.3   Oberflächenbehandeln

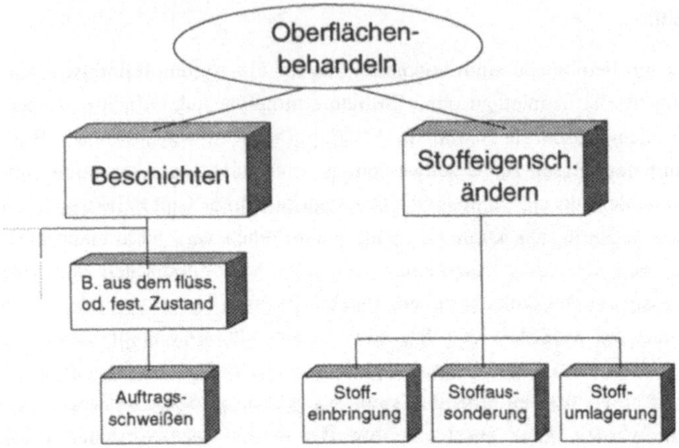

Bild 3.6:   Möglichkeiten des Oberflächenbehandelns mit Laser

Das Oberflächenbehandeln mit Hochleistungslasern bietet die Möglichkeit der lokalisierten Einwirkung. Die gewünschten Werkstoffeigenschaften werden nur in der beanspruchten Zone erzeugt. Die Wärmebelastung des gesamten Werkstücks ist geringer als bei konventionellen Verfahren. Eine hohe Haftfähigkeit der Schichten läßt sich erreichen.

3.3.1   Stoffumlagerung

Beim *Umwandlungshärten* wird der Werkstoff mit dem Laserstrahl unter Vermeidung des Aufschmelzens auf seine Härtetemperatur erhitzt. Bei Anwendung von CO_2-Lasern bedarf es dazu meist absorptionserhöhender Beschichtungen mit Graphit oder Lacken, seltener ist dies durch linear polarisierte Bestrahlung im Brewsterwinkel erreichbar [DAUS 90]. Die anschließende Selbstabschreckung erfolgt so rasch, daß die bei hoher Temperatur entstehenden metastabilen Gefügezustände erhalten bleiben. Anwendungsfälle sind das Härten von engen Bohrungen [FUNK 90], Zahnflanken, Nutenwänden und Zylinderbuchsen [AMEN 85].

Beim sogenannten *Umschmelzen* werden durch Aufschmelzen und rasche Erstarrung der Oberfläche die gewünschten Gefügestrukturen erzeugt. Eine spezielle Form hiervon ist das *Glasieren*, bei dem die Erstarrungsgeschwindigkeit so hoch ist, daß amorphe Schichten entstehen.

3.3.2 Stoffeinbringung

Beim *Legieren* wird durch Zugabe eines Werkstoffes in der aufgeschmolzenen Zone die Legierungszusammensetzung in der gewünschten Weise verändert. Ein industriell interessantes Beispiel ist die Auflegierung von Aluminium (AlSi9) mit Nickel [WEGM 90]. Die erzielbaren Härtewerte erreichen annähernd die von gehärtetem Stahl. Ein spezielle Einsatzform ist das Gaslegieren, bei dem der Legierungswerkstoff gasförmig zugeführt wird. Ein Anwendungsfall hierfür ist das Nitrieren von Titan.

Beim *Dispergieren* werden in die aufgeschmolzene Oberfläche Partikel wie beispielsweise Karbide eingebettet. Damit lassen sich tribologisch günstige, heterogene Beschichtungen herstellen.

3.3.3 Auftragsschweißen

Hierbei wird eine Beschichtung aus Zusatzmaterial auf das Substrat aufgetragen. Die Substratoberfläche wird durch eine gezielte Temperaturführung möglichst wenig aufgeschmolzen. Ein geeignetes Beschichtungsmaterial ist beispielsweise Stellit. Gegenüber dem herkömmlichen thermischen Spritzen fällt die Materialersparnis, geringere Nacharbeit, weniger Aufmischung und eine bessere Schichtqualität ins Gewicht.

3.3.4 Markieren

Eine spezielle Form der Oberflächenbehandlung und gleichzeitig die derzeit wirtschaftlich bedeutsamste stellt das Markieren dar. Ziel ist hierbei nicht die Erreichung bestimmter mechanischer, chemischer oder tribologischer Eigenschaften, sondern die Übertragung und Fixierung von Information auf das Werkstück. Die Belichtung mit Laserstrahlung erfolgt entweder über eine Maske oder frei programmierbar über Galvanoscanner. Die Entwicklung kompakter Scanner, die über Glasfaser mit dem Laser verbunden einem Roboter in die Hand gegeben werden können, lassen dieses Verfahren auch für die Laserrobotik bedeutsam werden. Seltener wird die eigentliche Markierbewegung vom Roboter selbst ausgeführt, weil damit nicht die gewünschten Geschwindigkeiten erreicht werden können.

4 Anlagen zur räumlichen Bearbeitung

4.1 Einleitung

In zweierlei Hinsicht unterscheidet sich die Laserbearbeitung in ihren Anforderungen an die eingesetzten NC-Maschinen von klassischen Bearbeitungsverfahren. Einerseits sind die Ansprüche hinsichtlich der Genauigkeit bei gleichzeitig hoher Vorschubgeschwindigkeit groß. Andererseits treten keine Bearbeitungskräfte auf, die mechanisch auf die Maschine zurückwirken. Dies hat zweierlei Auswirkungen: Zur Erreichung der geforderten hohen Bahntreue werden Laserroboter mit den modernsten Antrieben, Meßsystemen und Steuerungen ausgestattet. Der Wegfall von Bearbeitungskräften ermöglicht theoretisch Leichtbau-Maschinen. Da dies jedoch Auswirkungen auf die prinzipielle Gestaltung der Roboter hat, und die entsprechenden Stückzahlen bislang nicht produziert werden, setzt sich ein echter Leichtbau unter Verwendung modernster Materialien wie CFK aufgrund der hohen Kosten nur sehr zögerlich durch.

Hohe Bahntreue bei großen Vorschubgeschwindigkeiten erfordert Antriebe mit großem Beschleunigungsvermögen und daher geringen Rotationsträgheitsmomenten. Linearantriebe kommen dieser Forderung entgegen. Noch befinden sie sich allerdings in der Entwicklungsphase. Eine weitere Voraussetzung sind kurze Zykluszeiten der Steuerung. Dies ist sowohl für den Lageregelkreis als auch für die Einbeziehung externer Sensorsignale wichtig. Zur Bewältigung der mathematischen Transformationen empfehlen sich moderne 32-bit Mikroprozessoren, die mittlerweile als Massenware relativ preiswert sind. Die optimale Einbindung von Sensorsignalen geschieht über Dual-Port-RAMs, d.h. über Speicher, die einen Zugriff von zwei Seiten ermöglichen [ISRA].

Der Schutz der Menschen und der Anlage ist in allen Betriebszuständen und auch bei Fehlfunktionen und Fehlbedienungen zu gewährleisten. Folgende Gefahrenpotentiale müssen dabei Beachtung finden:

- Laserstrahlung

- Sekundär- und Hochfrequenz-Strahlung

- Hochspannung

- Mechanische Gefährdung

- Stäube und Gase

Hersteller und Betreiber von Lasern und Lasereinrichtungen können sich auf ein weitgefächertes Regelwerk in- und ausländischer Vorschriften zur Vermeidung der genannten Gefahren stützen. Die wichtigsten sind die Unfallverhütungsvorschrift (UVV) "Laserstrahlung", die DIN VDE 0837 "Strahlungssicherheit von Lasereinrichtungen" (identisch mit IEC 825) sowie die DIN 58215 "Laserschutzfilter und Laserschutzbrillen" und die VDE-Bestimmung 0836 "für die elektrische Sicherheit von Lasergeräten und -anlagen".

4.1.1 Gasversorgung

Die Anforderungen an die Gasversorgung von Laserrobotern werden häufig unterschätzt. Doch gerade auch die Zuverlässigkeit der Gasversorgung hat Einfluß auf die Verfügbarkeit des Gesamtsystems. Neben den Arbeitsgasen, die als Schneid-, Schutz- oder sonstige Aktivgase den Prozeß unterstützen, fallen bei Gaslasern noch die Betriebsgase an, die zur Erneuerung des aktiven Lasermediums kontinuierlich oder periodisch ersetzt werden müssen. Letztere müssen in hohem Reinheitsgrad zur Verfügung gestellt werden. Dazu eignen sich am besten Edelstahlrohre. Die Anforderungen an die Reinheit der Arbeitsgase sind i. allg. weniger streng und ergeben sich aus den Prozeßbedingungen, wenn man beispielsweise hochreinen Sauerstoff der Klasse 3.5 zur Erreichung höherer Schnittgeschwindigkeiten einsetzt [BROD 90].

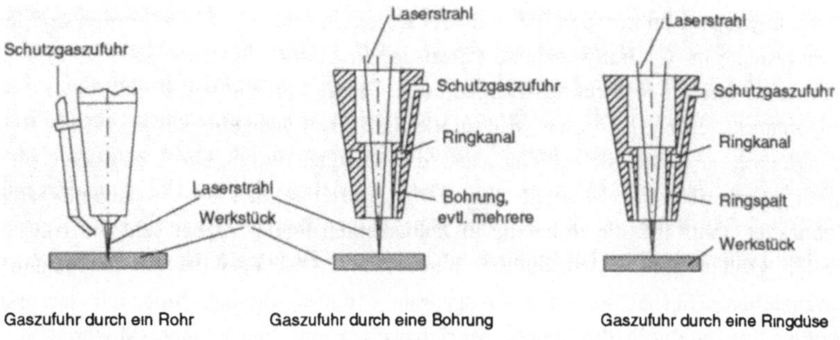

Bild 4.1:   Möglichkeiten der off-axis-Arbeitsgaszufuhr

Eine wichtige Rolle spielt die Art der Arbeitsgaszufuhr. Bei Lasern unter 2 kW Strahlleistung werden im allgemeinen transmissive Optiken im Bearbeitungskopf eingesetzt. Diese ermöglichen die Abdichtung des Bearbeitungskopfes nach oben hin. Damit läßt sich der für eine koaxiale Gaszufuhr notwendige Druck aufbauen. Ist eine solche optisch transmissive Abdichtung nicht vorhanden, muß das Arbeitsgas außeraxial zum Bearbeitungsort geführt werden. Bild 4.1 zeigt drei verschiedene Möglichkeiten hierzu. Die Gaszufuhr über eine Ringdüse weist für Laserroboter den Vorteil der Richtungsunabhängigkeit auf.

Zum Brennschneiden und noch mehr zum Hochdruck-Inertgasschneiden spielt die Gaszufuhr über eine koaxiale Auslaßdüse auf das Werkstück eine entscheidende Rolle. Bei der Auslegung einer Laserroboterzelle ist aber nicht nur die Gestaltung bzw. Auswahl der Schneiddüse, sondern auch die Schneidgaszuleitung zu beachten. Daher ist in Kap. 6 eine Beispielrechnung für die auftretenden Druckverluste am Beispiel der iwb-Laserzelle wiedergegeben.

4.2   Kartesische Systeme

Die meisten Anlagen zur räumlichen Laserstrahlbearbeitung beruhen derzeit auf kartesischen Systemen, bei denen die drei Grundachsen rechtwinklig zueinander angeordnet sind. Zwei Handachsen zur Einstellung der Orientierung sind mindestens notwendig, mit einer dritten Handachse läßt sich eine gewisse Redundanz erreichen, die der Zugänglichkeit entgegenkommt. Die dritte Handachse liegt häufig koaxial zum austretenden Laserstrahl, um eine vorlaufende Sensorik, eine seitliche Arbeits- gas-Zufuhr oder eine Schweißdrahtzuführung in definierter Richtung zur Bahntan- gente zu halten.

Bei kartesischen Systemen kann man den Schleppfehler prinzipiell sehr viel leichter steuerungstechnisch kompensieren als bei Knickarmrobotern. Grundformen sind Kra- garmsysteme in "C"-Bauweise und Portal- (engl. gantry-) Systeme. Letztere zeichnen sich durch eine hohe Struktursteifigkeit aus. Einige konstruktive Richtlinien müssen eingehalten werden, damit die strukturelle Steifigkeit auch eine entsprechende Bahn- genauigkeit gewährleistet: Meist wird die Traverse durch einen zentralen Motor angetrieben, der sein Moment über zwei Antriebswellen an die außenliegenden Zahnräder überträgt, die ihrerseits in Zahnstangen laufen. Dabei sind die Antriebs- wellen großen Torsionsbelastungen unterworfen. Deswegen ist ein Doppelantrieb vorzuziehen. Hierbei sorgen zwei separate Motoren für den Vorschub der ersten Hauptachse, wodurch die langen Antriebswellen entfallen können. Moderne Steue- rungen sind in der Lage, die Regelkreise der beiden Motoren abzugleichen und für einen synchronen Lauf zu sorgen. Schrägverzahnte Zahnräder und -stangen gewähr- leisten eine hohe Steifigkeit und gute Laufruhe. Entsprechend steif müssen auch die Führungen ausgelegt sein. Außerdem sollen sie eine hohe Dämpfung aufweisen, um dynamische Belastungen aus Beschleunigungsvorgängen nicht unmittelbar in die Grundstruktur weiterzuleiten. Gute Voraussetzungen hierfür bieten hydrodynamische

Gleitführungen, soweit durch eine geeignete Materialpaarung und Schmierung das Auftreten von Ruckgleiten vermieden werden kann. Bei Wälzführungen tritt dieses Problem nicht auf; jedoch müssen sie vorgespannt werden, um akzeptable Steifigkeitswerte zu erreichen.

Je nach Werkstückspektrum werden die Achsen für die Vorschubbewegung entweder dem Werkstück, dem Werkzeug oder beiden zugeordnet. Das bewegte Werkzeug wird in der Laserrobotik *fliegende Optik* genannt (Bild 4.2).

Vor allem für rotationssymmetrische Bearbeitungen bietet es sich an, die Vorschubbewegung ins Werkstück zu verlegen. Auch bei sonstigen leichten Werkstücken weist diese Variante den Vorteil der konstanten Strahlparameter auf. Ein weiterer Grund für eine starre Fokussieroptik kann die Kombination mit anderen Verfahren oder peripheren Einrichtungen sein, welche eine ortsfeste Installation benötigen. Dies können z. B. umfangreiche Prozeßsensoren oder Zufuhreinrichtungen für Hilfsstoffe sein.

Die rein fliegende Optik gelangt bei sehr schweren und voluminösen Werkstücken zum Einsatz. Als problematisch kann sich die stark variierende Strahllänge vom Resonator bis zur Fokussieroptik erweisen. Die Divergenz des Laserstrahles führt zu einer abstandsabhängigen Ausleuchtung der Fokussiereinheit und damit zu wech-

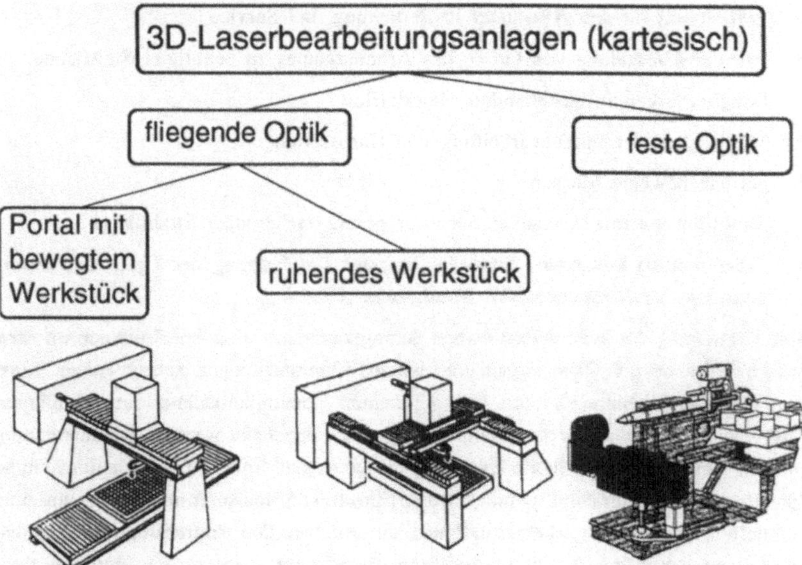

Bild 4.2: Kartesische Systeme zur Laserbearbeitung

selnden Intensitäten im Fokus. Die Intensität hat jedoch ihrerseits entscheidenden Einfluß auf das Bearbeitungsergebnis. Daher sollte die Laserquelle eine geringe Divergenz aufweisen. Zur Strahllängenkompensation dienen, wenn notwendig, optische Teleskope, die den Strahl aufweiten und damit die Divergenz verringern, oder mechanisch ausgleichende Trombonesysteme, die mit Hilfe eines bewegten Spiegels die gesamte Strahllänge konstant halten [HOFF 90].

Häufig werden Laserroboter in Form von Hybridsystemen eingesetzt. Das heißt eine oder mehrere Bewegungsachsen liegen im Werkstück, um die Variation der Strahllänge zu verringern. Die Bewegung des Werkstücks führt jedoch immer zu Restriktionen hinsichtlich des Gewichts und bedingt eine größere Aufstellfläche der Anlage.

4.3   Knickarmroboter

Knickarmroboter finden weite Verbreitung beim Punkt-, aber auch beim Metall-Inertgas-(MIG)/Metall-Aktivgas-(MAG) und Wolfram-Inertgas-(WIG) Schweißen. Für die Verwendung eines solchen Industrieroboters zur Laserstrahlbearbeitung sprechen einige Vorzüge:

- vergleichsweise niedrige Investitionskosten

- Vertrautheit für den Anwender in Bedienung und Service

- günstiges Verhältnis von Größe des Arbeitsraumes zu benötigter Stellfläche

- Integrierbarkeit in bestehenden Materialfluß

- Möglichkeit der Innenbearbeitung von Karosserien

- geringe bewegte Massen

- Strahlführung mit konstanter oder nur gering variierender Strahllänge

- daher nahezu konstanter Strahldurchmesser am Eingang der Optik und damit konstante Strahlparameter im Brennpunkt

Die Einhaltung der geforderten hohen Bahngenauigkeit wird bei Knickarmrobotern oft in Frage gestellt. Wie jedoch die eigenen Untersuchungen gezeigt haben, kann mit heute verfügbaren Geräten der gehobenen Genauigkeitsklasse ein erheblicher Teil der möglichen Laserbearbeitungsaufgaben abgedeckt werden. Voraussetzung hierfür sind vor allem steife Getriebe mit geringem Spiel sowie leistungsfähige Steuerungen. Letztere sind gerade für den Einsatz von Sensoren notwendig, um eine schnelle Umsetzung der Korrektursignale zu erreichen. Die Antriebsregelkreise müssen entsprechend der Bearbeitungsaufgabe abgestimmt sein, um ein Optimum zwi-

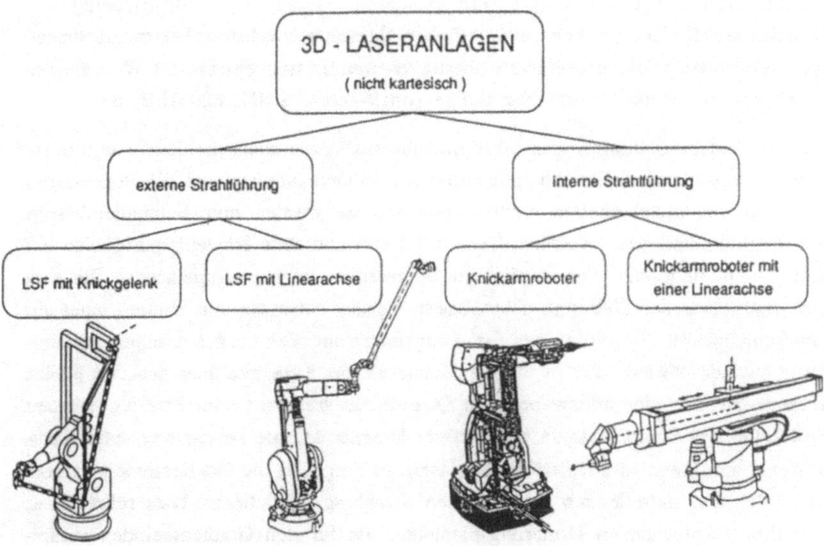

Bild 4.3:   Knickarmroboter mit Laserstrahlführung (LSF)

schen den Anforderungen nach minimalen Bahntoleranzen und maximaler Dynamik zu erreichen.

Für Nd-Lasern gestaltet sich die Anbindung durch die Verwendung von Lichtleitfasern einfach. Beim Einsatz von CO_2-Lasern ist zwischen den Optionen der internen und externen Spiegel-Strahlführung zu entscheiden (Bild 4.3).

4.3.1 Übertragung durch Lichtleitfasern

Deutliche Vorteile hinsichtlich Kosten, Beweglichkeit und Arbeitsraum bieten Lichtleitfasern. Aufgrund der spektralen Transmissionseigenschaften der gängigen Materialien werden Lichtleitfasern zur Zeit lediglich bei Nd:YAG-Lasern (max. Leistung bis 2000 W) industriell eingesetzt. Sie bestehen aus einer Quarzglasfaser mit einem Kerndurchmesser von 0,3 bis 1 mm. Der Dämpfungsverlust ist vernachlässigbar gering. Er würde sich erst auf 1 km Länge mit ca. 50 % bemerkbar machen. Die wesentlichen Verluste treten nur beim Ein- und Auskoppeln als Reflexion mit je 4 bis 5 % auf. Diese Verluste kann man zwar mit einer Antireflex-Beschichtung verringern, doch sinkt damit auch die Zerstörschwelle bei hohen Leistungspulsen.

Für die Wellenlänge von CO_2-Lasern existieren bislang keine industrietauglichen Lichtleitfasern. Hauptursache sind die hohen Dämpfungsverluste. Die im Labormaßstab verwendeten Halogenidfasern übertragen nur Leistungen bis 100 W mit einer Transmission von 60 % auf einer Länge von 87 cm [SAKU 82, ALEJ 85].

Zur Materialbearbeitung finden Multimodefasern Verwendung, bei denen sich in der Faser unterschiedliche Schwingungsmoden ausbilden können, und die Polarisation der Strahlung nicht erhalten bleibt. Üblicherweise werden zum Schneiden Fasern mit Kerndurchmessern zwischen 0,3 und 0,6 mm und zum Schweißen zwischen 0,6 und 1 mm eingesetzt. Die minimalen Biegeradien liegen beispielsweise für eine 0,6 mm Faser bei 200 mm. Die Fasern weisen entweder ein Stufen- oder ein Gradientenprofil hinsichtlich des Brechungsindex auf. Die teurere Gradientenindexfaser hat den Vorteil, daß in ihr die Kohärenz der Laserstrahlung bewahrt bleibt. Daraus resultiert eine höhere optische Qualität des transmittierten Strahles. Für den Sonderfall der Bearbeitung in radioaktiver Umgebung, wie beispielsweise in Kernkraftwerken, kommen nur Stufenindexfasern in Frage, da die Gradientenindexfasern unter der dort auftretenden ionisierenden Strahlung degradieren. Dies rührt daher, daß die entsprechenden Dotierungselemente, die für den Gradientenindex verantwortlich sind, zu Kernreaktionen fähig sind und daher in andere Elemente umgewandelt werden.

4.3.2   Externe Spiegel-Strahlführung

Industrieroboter mit externer Strahlführung bieten gegenüber Spezialrobotern mit interner Strahlführung den Vorteil der höheren Anlagenflexibilität: Roboter können im Servicefall leicht ausgetauscht oder bei Anlagenmodifikationen durch andere Modelle ersetzt werden. Bei Stand-alone-Anlagen kann die Strahlführung abgelegt werden, und der Roboter die Werkstückbewegung ausführen (kinematische Umkehr). Dies ist bei leichten, rotationssymmetrischen Werkstücken wie z. B. Auspuffrohren von Vorteil. Bei externen Strahlführungen für CO_2-Laser gibt es die Alternativen, ein reines Knickgelenksystem oder eine Teleskopausführung mit Linearachse zu verwenden (Bild 4.4).

Ein reines Knickgelenksystem weist durch die ausschließliche Verwendung von Wälzlagern weniger Reibung und eine deutlich geringere Neigung zum Ruckgleiten (Stick-Slip) auf. Die Strahllänge ist konstant. Für die freie Beweglichkeit der Laserstrahlführung im Raum sind im allgemeinen sechs Freiheitsgrade ausreichend. Die Einführung eines weiteren Freiheitsgrades führt zu einer einfachen kinematischen Überbestimmung der Strahlführung. Dies ergibt Vorteile hinsichtlich der Arbeitsraumausbildung und Strahllagestabilität. Neben einer wesentlichen Vergrößerung des Arbeitsraumes bildet die Reduzierung der auftretenden Momente am Strahlführungssystem gegenüber dem Teleskopauszug einen zusätzlichen Vorteil [SCHR 89].

Diese Vorteile müssen mit zwei zusätzlichen Spiegeln und den damit verbundenen Verlusten erkauft werden. So sind beispielsweise im Strahlführungssystem SFS 07 der Firma Zeiss, Oberkochen, sieben, beim entsprechenden Teleskopachsentyp SFS 06 hingegen nur fünf wassergekühlte, mit einer Gold- und einer Schutzschicht versehene Kupferspiegel eingebaut, von denen jeder ca. 1% (Herstellerangabe - gilt für unverschmutzte Spiegel) der einfallenden Leistung absorbiert (Bild 4.4). Ein weiterer Nachteil liegt in der geometrischen Unbestimmtheit, die eine zusätzliche Abstützung des Strahlfüngssystems verlangt. Das dynamische Bewegungsverhalten ist nicht oder nur äußerst schwierig im voraus berechenbar. Dies erschwert die off-line-Programmierung und Bewegungssimulation einer solchen Roboterzelle.

Insgesamt sind die Leistungsverluste im Teleskopachsensystem geringer. Die Strahllänge variiert nur wenig (um ca. 1 m). Durch die wechselnde Auszugslänge muß das Gasfüllvolumen im Strahlführungssystem verdrängt bzw. wieder hineingezogen werden. Hierbei muß Sorge getragen werden, daß keine kondensierenden Gase oder Stäube eindringen können und so zu einer drastischen Reduzierung der Standzeiten der optischen Komponenten führen. Daher muß der Strahlengang zum Werkstück hin entweder durch die Fokussierlinse oder bei Verwendung einer Spiegelfokussierung durch ein Fenster oder einen Schutzgas-Querstrom abgeschlossen werden. Ein

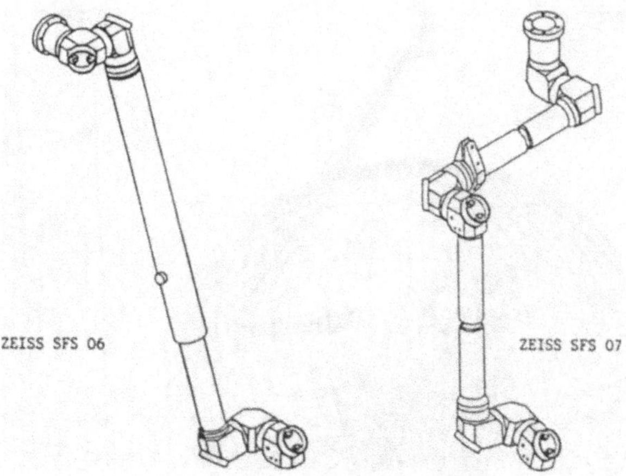

Bild 4.4:   *Strahlführungssystem mit Teleskopauszug (li.) und mit Ellenbogengelenk (re.) [ZEISS]*

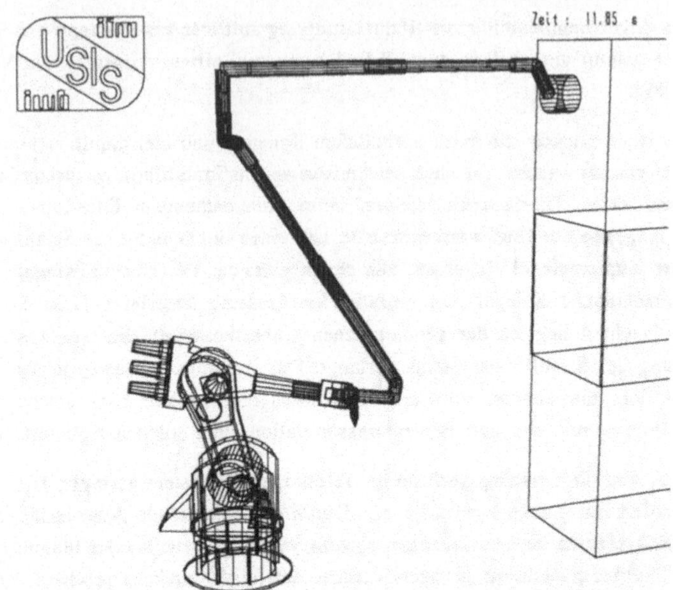

Bild 4.5:   Externe Strahlführung, zentral über dem Roboter angeflanscht

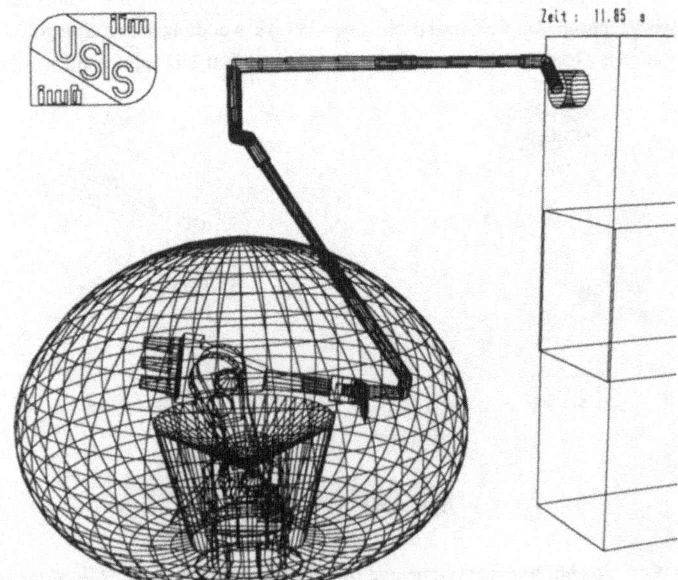

Bild 4.6:   Externe Strahlführung, zentral über dem Roboter angeflanscht, mit ein-
             geblendetem Arbeitsraum

genügend steifer Roboter kann die Auslösung des Ruckgleitens in der Teleskopachse vermeiden. Bei einem kinematisch bestimmten System, wie z.B. beim Strahlführungssystem SFS 06 (vgl. Bild 4.4), werden von den Komponenten der Strahlführung feste, mechanisch vorgegebene Bahnen überstrichen. Hierbei treten zusätzlich zu den Trägheitskräften Momente auf (z.B. in den Strahlführungsrohren), die aus der Zwangsführung der Komponenten resultieren [SCHR 90].

Für allgemeine Anforderungen erweist sich die Anflanschung der Strahlführung direkt über dem Roboter optimal. Bei koaxialer Anordnung der jeweils ersten Achsen von Roboter und Strahlführungssystem ist die Arbeitsraumgröße maximal (Bilder 4.5 und 4.6). Dies bedingt jedoch ein Stützportal für dessen Anflanschung.

Im Rahmen der eigenen Untersuchungen wurden am Strahlführungssystem SFS 06 die Auswirkungen des Teleskopauszugs auf den CO_2-Laserstrahl gemessen. Dazu wurden mit einem Analysegerät (vgl. Kapitel 3.2.2) die Intensitätsverteilungen bei eingefahrenem und bei ausgefahrenem Teleskopauszug (Auszugslänge 800 mm) unter Beibehaltung der Orientierung der Fokussieroptik aufgenommen. Dabei zeigten sich nur geringe Veränderungen hinsichtlich Strahlform, -fläche und -intensitäten (Bild 4.7). Die durch die Divergenz zu erklärende minimale Zunahme der Strahlfläche (+2 %) des unfokussierten Strahls, sollte auf den fokussierten Strahl und damit auf das Bearbeitungsergebnis kaum Auswirkungen haben.

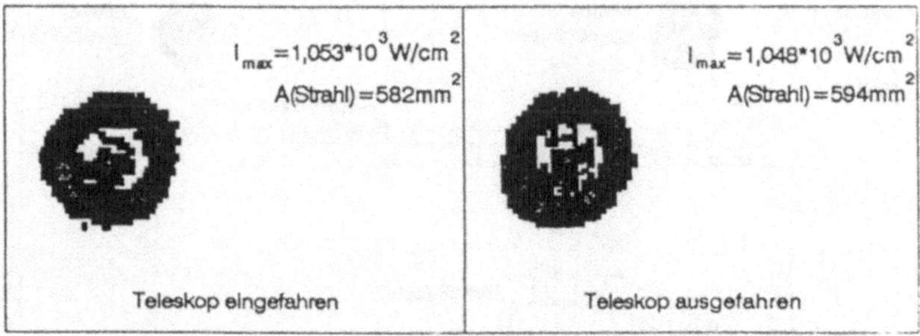

Bild 4.7:   Auswirkungen der Linearachse des Strahlführungssystems SFS 06 auf den Strahlquerschnitt (TLF 5000 bei 3750 W Ausgangsleistung)

4.3.3   Interne Strahlführung

Roboter mit interner Strahlführung sind Spezialkonstruktionen für die Laserbearbeitung. Sie sind in ihrem Arbeitsraum weniger eingeschränkt. Die Kühlung und Justage und ein eventueller Austausch der Umlenkspiegel erweisen sich jedoch aufgrund der räumlichen Enge als schwierig. Die bei reinen Knickachssystemen erforderliche große Anzahl von Spiegeln führt zu hohen Strahlleistungsverlusten.

Reine Knickarmroboter weisen eine hohe Beweglichkeit und gute Zugänglichkeit auch in komplexe Konturen hinein auf. Als problematisch können sich der zulässige Strahldurchmesser und die hohe Anzahl von Umlenkspiegeln mit den damit verbundenen Verlusten und Justageproblemen erweisen.

Roboter mit einer Linearachse benötigen nur 3 bis 4 interne Umlenkspiegel. Für Innenkonturen sind sie jedoch nur bedingt geeignet.

4.3.4 Sondersysteme

Durch Kombination verschiedener Systemkonzepte sind zusätzliche Varianten möglich, wie z.B. die in Bild 4.8 skizzierte Laserbearbeitungsanlage, bei der durch eine zusätzlichen Linearachse eine erhebliche Vergrößerung des Arbeitsraums gegenüber dem konventionellen System (Knickarmroboter mit Teleskopstrahlführungssystem) erreicht wird. Die verwendete fliegende Optik bewirkt jedoch aufgrund der Strahldivergenz Θ eine erhebliche Abhängigkeit des Bearbeitungsergebnisses von der Position im Arbeitsraum. Wie eigene Messungen gezeigt haben, nimmt die Fläche

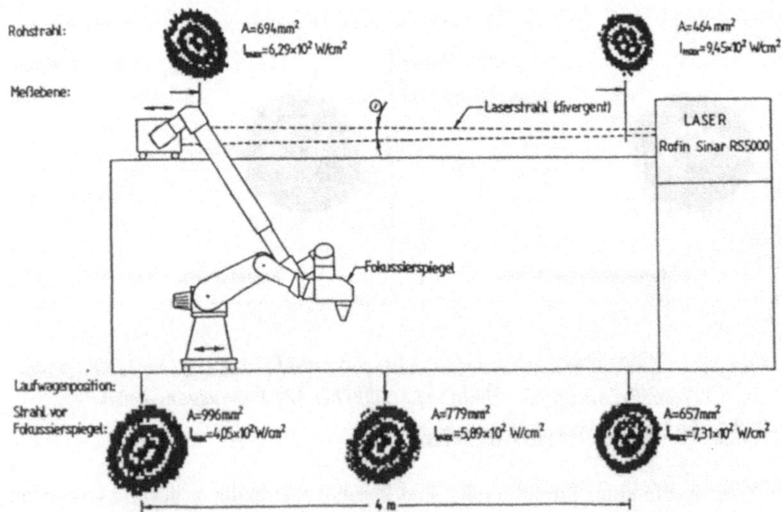

Bild 4.8:   Knickarm-Laserroboter mit externer Strahlführung und zusätzlicher Linearachse

des unfokussierten Strahls mit zunehmender Entfernung des Laufwagens vom Laserauskoppelfenster um bis zu 50 % zu. Daraus resultiert eine Abnahme des theoretischen Fokusdurchmessers um 20 % und damit eine entsprechende Intensitätserhöhung. Soll daher der gesamte Arbeitsraum der beschriebenen Anlage genutzt werden, so dürfte eine positionsabhängige Leistungssteuerung unabdingbar sein.

Verschiedentlich wurden auch schon Laserquellen direkt auf Roboter montiert oder gar an die Roboterhand angeflanscht. Ein solches System ist beispielsweise in einem Automobilwerk für Sonderausschnitte bei Rechtslenkerversionen eingesetzt.

4.4 Strahlformung

Der Laserstrahl wird mittels optischer Komponenten, wie Spiegel, Linsen oder Lichtleitfasern vom Auskoppelfenster der Strahlquelle zum Werkstück geführt. Dabei muß die Winkellage des Laserstrahls in allen Bewegungszuständen des Roboters konstant bleiben. Zur Justage und Überprüfung werden i. allg. sichtbares Licht emittierende Helium-Neon-Laser verwendet, die zu diesem Zweck koaxial in den Strahlengang des Bearbeitungslasers eingespiegelt werden. Durch den Einsatz von Strahlteilern bzw. Strahlweichen ist abhängig von der Bearbeitungsaufgabe ein Mehrstationenbetrieb möglich, der durch das Parallelschalten von Haupt- und Nebenzeiten zur erhöhten Ausnutzung der Strahlquelle beiträgt.

An das Strahlführungssystem schließt sich die Bearbeitungsoptik an, die den Laserstrahl auf das Werkstück fokussiert. Dazu stehen transmittierende Optiken (Linsen) oder reflektierende Optiken (Spiegel) zur Verfügung. Refraktive Optiken (Gitter oder Hologramme) werden bislang noch nicht industriell eingesetzt, weisen aber zusammen mit der monochromatischen Laserstrahlung ein hohes Anwendungspotential auf.

Alle optischen Komponenten müssen den hohen Strahldichten standhalten können. Daher dürfen sie nur eine geringe Absorption aufweisen. Eine hohe Wärmeleitfähigkeit ist günstig, um die durch Rest- und Schmutzabsorption entstehende Wärme abzuführen. Bislang werden fast ausschließlich passive optische Bauelemente verwendet. Sie müssen ihre Form und Lage unabhängig von Umgebungseinflüßen möglichst konstant halten.

4.4.1 Linsen

Transmittierende Optiken in Form von Linsen dienen zur Strahlformung. Sie können bei der Strahlführung in Teleskopen zur Strahlaufweitung und damit zur Verringerung der Divergenz Verwendung finden. Der wichtigste Zweck ist aber die Fokussierung der Laserstrahlung auf das Werkstück. Für die Wellenlänge von Nd-Lasern ist Quarzglas geeignet. Daher sind die entsprechenden Optiken leicht verfügbar und kostengünstig. Die für CO_2-Laserlicht geeigneten Werkstoffe sind in Tabelle 4.1 aufgeführt. Industriell wird wegen des vergleichsweise niedrigen Preises und der Durchlässigkeit für die sichtbare Strahlung von Justierlasern vor allem Zinkselenid eingesetzt. Weitere mögliche Materialien sind Galliumarsenid (GaAs), das jedoch nur für die Infrarot-Strahlung des CO_2-Lasers und nicht für sichtbares Licht durchlässig ist, oder Kaliumchlorid (KCl), das zwar preiswert, dafür aber feuchteempfindlich ist. Um hohe Reflexionsverluste zu vermeiden, sind die Linsen meist mit einer Antireflexbeschichtung versehen.

Werkstoff	Absorption/cm für $\lambda=10,6$ μm
Cadmiumtellurid	0,001
Galliumarsenid	0,01
Germanium	0,025
Zinkselenid	0,001

Tabelle 4.1: Werkstoffe für Durchlichtoptiken von CO_2-Lasern

Zur Verminderung optischer Fehler werden fast ausschließlich Linsen mit plankonvexem Schliff eingesetzt. Bei Durchlichtoptiken erweist sich die einfache Justage als vorteilhaft. Es ist ausreichend, wenn der Laserstrahl weitgehend mittig auf die Linse trifft. Da die Abbildung durch Brechung erfolgt, wirken sich Winkelfehler kaum aus [ARLT 88]. Ein wesentlicher Nachteil transmissiver Systeme ist, daß sie sich nur vom Rand her kühlen lassen. Aufgrund der Restabsorption erwärmen sie sich daher bei hohen Strahlleistungen. Die Werkstoffe für Durchlichtoptiken (vgl. Tabelle 4.1) sind schlechte Wärmeleiter und spröde. Infolgedessen wirkt sich die ungleichmäßige thermische Beanspruchung durch den Laserstrahl negativ aus. Dies hat sowohl eine Verformung der Linse, als auch eine Änderung des Brechungsindex zur Folge. Bei Linsen mit Antireflex-Beschichtung ist die Restabsorption und damit die Verformung sogar noch höher [GIES 87]. Verunreinigungen, besonders durch Spritzer, können gar zur Zerstörung der Linse führen, da die entstehenden Spannungen nicht durch plastische Verformung abgebaut werden. Aus diesem Grund wird bei Anlagen ab 2 kW Strahlleistung in der Regel eine gekühlte Spiegeloptik verwendet.

4.4.2 Spiegel

Bei CO_2-Lasersystemen zur 3D-Bearbeitung mit bewegter Optik und feststehendem Werkstück sind komplexe Strahlführungssysteme mit einer größeren Anzahl von zum Teil beweglichen Spiegeln unvermeidbar. Hieraus ergeben sich ein hoher Justieraufwand und höchste Anforderungen an die Steifigkeit und Führungsgenauigkeit der Spiegellagerungen, um die Winkeltreue des Laserstrahls über den gesamten Verfahrbereich sicherzustellen.

Zur Strahlumlenkung werden Planspiegel eingesetzt. Zur Strahlaufweitung genügt in der Regel eine sphärisch konvexe Oberfläche. Sphärisch und parabolisch konkave Spiegel kommen bei der Fokussierung zum Einsatz. Für CO_2-Laser wird als Spiegelwerkstoff hauptsächlich Kupfer verwendet. Zur Reduzierung der Absorptionsverluste und als Oxidationsschutz dienen häufig Goldbeschichtungen.

Parabolische Fokussierspiegel beruhen darauf, daß parallel zur optischen Achse einfallende Strahlen im Brennpunkt F gesammelt werden (Bild 4.9). Bedingung für eine fehlerarme Fokussierung ist, daß der Rohstrahl auf 1 mrad genau parallel zur optischen Achse des Parabolspiegels verläuft und die Spiegeloberfläche eine hohe Formgenauigkeit aufweist [DU 87], sonst tritt ein erheblicher Astigmatismus auf. Winkelabweichungen können durch Alterung von Durchlichtoptiken z. B. des hochbelasteten Auskoppelfensters in der Laserquelle hervorgerufen werden. Bei den

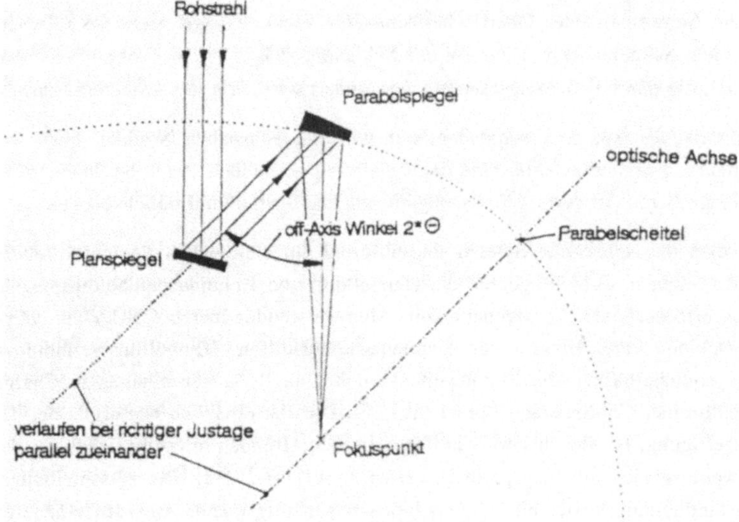

Bild 4.9:   Fokussierung mit einem Parabolspiegel

Alterungserscheinungen kann es sich beispielsweise um interne Spannungen in dem optischen Element handeln [SCAT 90]. Astigmatismus bedeutet, daß ein ursprünglich runder Strahl nach der Fokussierung elliptisch erscheint, weil für verschiedene Ebenenen unterschiedliche Brennweiten wirksam sind. Die Ausprägung des astigmatischen Fehlers nimmt mit größer werdendem Off-Axis Winkel 2β zu, denn nach [GIES 87] gilt für die astigmatische Differenz df (= Abstand der Foki von Meridional- und Sagittalebene) folgende Abhängigkeit vom Off-Axis Winkel 2β [BERG 87]:

$$df = |f_1 - f_2| = 2s \cdot d\phi \cdot tan\beta \tag{4.1}$$

s: Schnittweite [mm] (= rechnerische Brennweite bei parallel einfallendem Strahl)

$d\phi$: Dejustierwinkel [mrad]

Dies gilt es abzuwägen, wenn die Fokussiereinheit eines Laserroboters ausgelegt wird. Eine letzte Strahlumlenkung auf den Fokussierspiegel von 90° und damit ein Off-Axis Winkel von 2β = 90° ist kinematisch günstig, weil damit der letzte Spiegel als rotatorisch beweglicher Umlenkspiegel genutzt werden kann und somit in der gesamten Strahlführung ein Spiegel weniger nötig ist. Aber die Empfindlichkeit gegenüber einer Strahldejustierung ist wesentlich höher und die dann auftretende astigmatische Differenz deutlich größer. Dies fällt bei einer Anlage, die ausschließlich zum Schweißen oder Oberflächenbehandeln dient, weniger stark ins Gewicht als bei einer Schneidanlage. Denn für den Schneidprozeß ist die im Fokus erreichbare Intensität, die durch den Astigmatismus vermindert wird, von viel größerem Einfluß.

Bei sphärischen Spiegeln schneiden sich nur die achsnahen Strahlen exakt im Brennpunkt. Abbildungsfehler sind daher nicht zu vermeiden. Auch bei ihnen wirkt sich ein größerer Off-Axis Winkel negativ auf die Justierempfindlichkeit aus.

Planspiegel und sphärische Spiegel sind aufgrund ihrer einfachen Geometrie relativ leicht zu fertigen. Schwieriger ist die Herstellung von Rotationsparaboloidspiegeln mit der erforderlichen Formgenauigkeit. Man verwendet hierzu CNC Dreh- bzw. Fräsmaschinen unter Einsatz von Diamantschneidstoffen ('fly-cutting-Verfahren'). Die Reproduzierbarkeit der Brennweite liegt bei ca. 1 % von Charge zu Charge (innerhalb einer Charge sogar bei ca 0,01 %). Dies ist erheblich besser als bei der Linsenfertigung, bei der aus werkstoffspezifischen Gründen mit Abweichungen der Brennweite von ca. ±5 % gerechnet werden muß [ARLT 88]. Die Abschreibungs- und Instandhaltungskosten einer Spiegeloptik liegen aufgrund der wesentlich höheren Standzeit deutlich unter den Kosten einer infrarot-durchlässigen Linse.

Fokussierspiegel erfordern gegenüber Linsen einen höheren Justageaufwand. Ein im Vergleich zu Linsen um rund 10 % größerer Fokusdurchmesser muß in Kauf genommen werden. In sauberem Zustand weist jeder Spiegel eine Absorption von ca. 2 % auf. Eine Wasserkühlung ist daher unabdingbar, um die absorbierte Wärmemenge abzuführen. Die Spiegel sind ausreichend steif auszulegen, damit sie nicht vom Kühlwasserdruck verformt werden [WECK 90].

Der Fokussierspiegel ist Metallspritzern und -dämpfen aus der Bearbeitungszone ausgesetzt. Bleiben sie an der Spiegeloberfläche haften, absorbieren sie das einfallende Laserlicht in hohem Maße und erwärmen so den Spiegel, was wie bei der Linse, eine Defokussierung zur Folge hat. Um dies zu verhindern, wird entweder Arbeitsgas durch die Düsenöffnung geblasen, oder ein Querstrom in die Bearbeitungsdüse integriert. Bei der ersten Methode trennt ein Fenster den Bearbeitungskopf vom Strahlführungssystem, so daß sich der Arbeitsgasdruck im Bearbeitungskopf aufbauen kann (Bild 4.10). Marktgängig sind Fenster aus den gleichen Materialien wie Linsen, die einen Überdruck von 1 MPa zulassen.

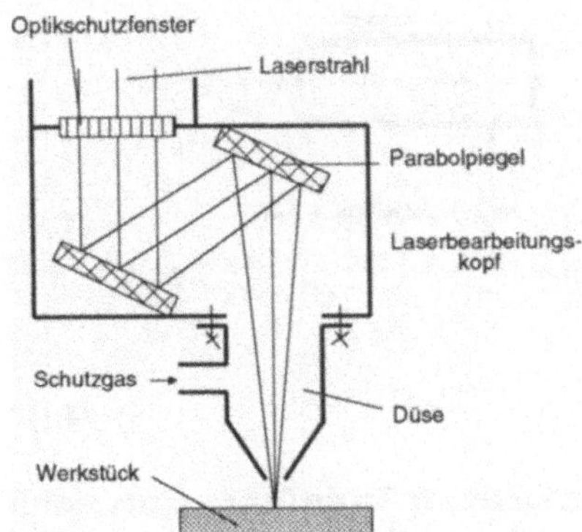

Bild 4.10:   Fokussierkopf mit Schutzfenster

Um die Nachteile transmittierender Optiken, wie z. B. Deformation und Linsenbildung aufgrund von Restabsorption zu vermeiden, wurde die in Bild

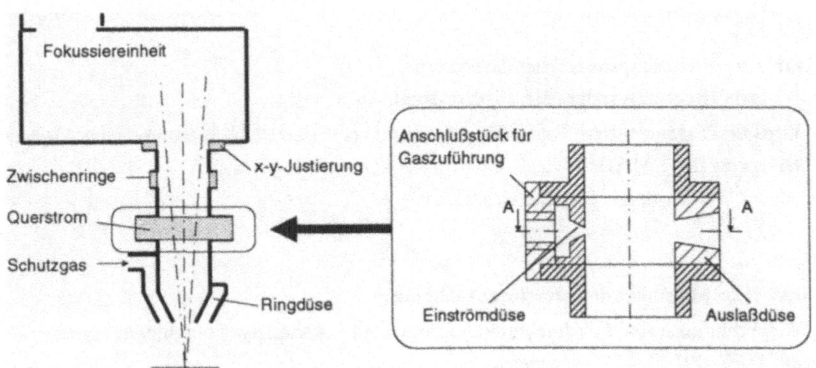

Bild 4.11:   Schema der Ringdüse mit Querstrom zum Schutz der Fokussieroptik

4.11 abgebildete Ringspaltdüse konstruiert, bei der über einen dünnen Querschnitt mit hoher Geschwindigkeit gereinigte Druckluft quer zur Strahlrichtung strömt. Durch diesen 'Luftvorhang' werden alle Partikel (Rauch, Schweißspritzer), die eine bestimmte kinetische Energie nicht überschreiten, vom Fokussierspiegel ferngehalten.

4.4.3 Lichtleitfasern

Eine wichtige Kenngröße bei der Strahlübertragung ist die numerische Apertur NA. Sie bezeichnet den Sinus des halben Akzeptanzwinkels α der strahlführenden Optik:

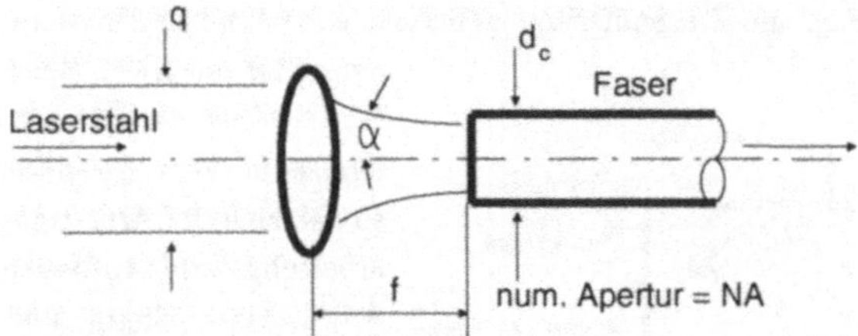

Bild 4.12:   Einkopplung in einen Lichtleiter

$$NA := sin\ \alpha \tag{4.1}$$

Aus dem Brechungsgesetz und dem Grenzwinkel für Totalreflexion ergibt sich für eine Stufenindexfaser:

$$NA = \sqrt{n_1^2 - n_2^2} \tag{4.2}$$

mit n_1: Brechungsindex des Faserkerns

$\quad\ \ n_2$: Brechungsindex der Fasermantels

Wird die Faser mit dem Radius R gekrümmt, verringert sich die numerische Apertur NA geringfügig [JAHN 70]:

$$NA\,(R) = \sqrt{n_1^2 - n_2^2(1 + \frac{d_c}{2R})^2}. \tag{4.3}$$

mit d_c: Kerndurchmesser (core) der Faser

Die Verhältnisse bei Gradientenindexfasern sind schwieriger herzuleiten. Hierfür sei auf [IFFL 90] S. 167 verwiesen.

Die Einkopplung in die Faser erfolgt mit einer Linse, die eine maximale Brennweite f_E aufweisen darf:

$$f_E < \frac{d_c}{2\Theta}$$

(4.4)

Θ: Divergenz des Laserstrahls

Die Übertragung der Laserleistung durch Glasfaserkabel führt dazu, daß die ursprüngliche Intensitätsverteilung des Strahles egalisiert wird, und somit i. allg. die am Werkstück erreichbare Intensität abnimmt. Um einen Fokusdurchmesser $2r_f$ zu erreichen, der kleiner ist als der Kerndurchmesser d_c, ist eine Zwischenfokussierung (Kollimation) mit der Brennweite f_2 nötig. Diese reduziert die Strahldivergenz und damit den Strahldurchmesser um den Aufweitungsfaktor f_3/f_2.

$$2\,r_f = \frac{f_3}{f_2} \cdot d_c$$

(4.5)

mit f_3 : Brennweite der Fokuslinse

Meist werden Aufweitungsfaktoren zwischen 1 und 2 eingesetzt, womit sich der Fokusdurchmesser bis auf den halben Faserkerndurchmesser verkleinern läßt.

4.4.4 Charakterisierung des Laserstrahls

Der aus dem Resonator ausgekoppelte Laserstrahl verläuft nicht parallel zur Strahlachse, sondern nimmt je nach Bauart des Resonators bereits im Resonator oder erst nach dem Passieren des Auskoppelfensters eine minimale Querschnittsfläche, Strahltaille genannt, mit dem Radius $r_0 = r(0)$ an, um anschließend mit dem Winkel Θ zu divergieren. Bei der Strahlformung sind die Verhältnisse ähnlich. Der Strahl konvergiert zuerst mit dem Winkel Θ_F, erreicht im Fokuspunkt seinen minimalen Querschnitt (Radius $r_f(0)$) und divergiert danach wieder mit demselben Winkel Θ_F (vgl. Bild 4.13).

Bei instabilen Resonatoren ist die Intensitätsverteilung des Strahles im Fernfeld jenseits der Strahtaille, die weit außerhalb des Resonators liegen kann, im allgemeinen deutlich verschieden von der des Nahfelds. Gerade im Fernfeld lassen sich aber durch geeignete Strahlformungseinrichtungen für den jeweiligen Zweck günstige Intensitätsverteilungen erreichen.

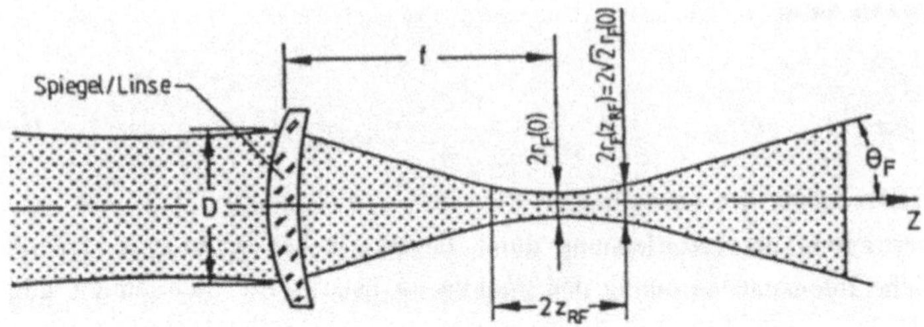

Bild 4.13: Fokussierung von Laserstrahlen

Die Intensitätsverteilung im Strahl aus einem stabilen Resonator bleibt auch nach der Fokussierung erhalten. Für viele Anwendungszwecke in der Laser-Materialbearbeitung stellt der Grundmode TEM_{00} die ideale Intensitätsverteilung dar, weil damit ein minimaler Fokusradius und somit maximale Intensitäten erreicht werden können (vgl. Kap. 2.2). Außerdem nimmt der (Fernfeld-) Divergenzwinkel, der die Vergrößerung des Strahlradius mit zunehmender Strahllauflänge bestimmt, für den TEM_{00} Mode den geringsten Wert an. Dies ist beim Einsatz fliegender Optiken wichtig, da hier ein großer Divergenzwinkel unterschiedliche Strahleigenschaften in Abhängigkeit von der Arbeitsraumposition zur Folge hat.

Bei stabilen Resonatoren dient zur Beschreibung der Strahlqualität der Strahlparameter b, der ein Maß für den erreichbaren Fokusradius darstellt und für radialsymmetrische Moden durch folgende Formel definiert ist [VDI 90]:

$$b = \sqrt{2m + n + 1} \quad \textit{(für } TEM_{mn}\textit{)} \tag{4.6}$$

Für den Grundmode TEM_{00} nimmt b den Wert 1 an.

Für den Bearbeitungsprozeß ist der Verlauf des fokussierten Laserstrahls, *Kaustik* genannt, von Bedeutung. Wichtig sind hierbei der erreichbare Fokusradius r_f, durch den sich bei vorgegebener Leistung P die Intensität I bestimmt. Von der Schärfentiefe z_{Rf} hängt die zulässige Bahnabweichung in Strahlrichtung ab. Einfluß auf den Fokusradius zeigen die Modenstruktur des Resonators, die im Parameter b eingeht, der Strahldurchmesser D, die Brennweite f, die Wellenlänge λ und mögliche Fehler des Fokussierelementes, die in der Konstanten k zusammengefaßt werden. Für den theoretisch minimalen Fokusradius r_f gilt:

$$r_f = b^2 \cdot \frac{2\,\lambda \cdot f}{\pi \cdot D} + k \cdot \frac{D^3}{2f^2} \tag{4.7}$$

k: Konstante abhängig von Linsen- oder Spiegelform sowie bei Linsen vom Brechungsindex, (beispielsweise $k = 3,12 \bullet 10^{-2}$ für sphärische ZnSe-Linse)

Die Wellenlänge geht näherungsweise linear ein. Damit wird deutlich, daß mit einer kürzeren Wellenlänge annähernd proportional ein kleinerer Fokusradius erreichbar ist. Dabei ist beim Vergleich von Nd:YAG-Lasern ($\lambda = 1,06$ µm) mit CO_2-Lasern ($\lambda = 10,6$ µm) der Faktor 10 zu beachten.

Die Rayleighlänge z_R ist der Abstand von der Strahltaille bis zu dem Punkt, an dem die Strahlfläche sich verdoppelt hat. Sie berechnet sich zu:

$$z_R = \pi \cdot \frac{r_0^2}{\lambda} \tag{4.8}$$

Die Rayleighlänge z_{Rf} des fokussierten Strahls heißt auch Schärfentiefe:

$$z_{Rf} = \pi \cdot \frac{r_f^2}{\lambda} \tag{4.9}$$

Setzt man Gl. 4.7 in die Beziehung 4.9 ein und vernachlässigt den Korrekturwert für das fokussierende Element, so erhält man bei idealer Strahlqualität ($b = 1$):

$$z_{Rf} = \frac{4\,\lambda \cdot f^2}{\pi \cdot d^2} \tag{4.10}$$

Kleine Fokusradien und große Schärfentiefen sind demnach nicht gleichzeitig zu erreichen. Für die räumliche Bearbeitung muß das Schwergewicht auf die Schärfentiefe gelegt werden, um unvermeidliche Bahnfehler tolerieren zu können.

Für die Auslegung der Strahlführung ist es wichtig, den Strahlradius in Abhängigkeit von der Entfernung zu kennen. Für die Ausbreitung idealer Strahlverteilungen gilt folgende Gleichung, die näherungsweise auch für reale Strahlverteilungen und solche aus instabilen Resonatoren herangezogen werden kann [RIPP 86]:

$$r(z) = r_f(0) \cdot \sqrt{1 + (\frac{z}{z_{Rf}})^2} \tag{4.11}$$

mit z = Abstand vom Fokuspunkt.

Zur Kennzeichnung der Strahlqualität dient der Parameter q. Für einen freilaufenden, unfokussierten Strahl bzw. bei Fokussierung mit einer idealen Optik gilt [CLEE 87]:

$$q = r^2(0)/z_R = r_f^2(0)/z_{Rf} = b^2 \cdot \lambda/\pi = \Theta \cdot r(0) = \Theta_F \cdot r_f(0) \tag{4.12}$$

Bei Festkörperlasern ist der Parameter q unter anderem für die Auslegung von Lichtleitfasern von Bedeutung, denn er bestimmt das minimal erforderliche Produkt aus Kerndurchmesser d_c und numerischer Apertur NA:

$$q < d_c \cdot NA/2 \tag{4.13}$$

Zur Kennzeichnung der Strahlqualität werden außer dem q-Parameter noch verschiedene normierte Kennzahlen verwendet, die unterschiedlich definiert aber betragsmäßig gleich sind und sich von q nur durch eine Normierungs-Konstante unterscheiden. Die normierte Strahlqualität Q^* ist in [CLEE 87] wie folgt definiert:

$$Q^* = q_{00}/q = \frac{\lambda \cdot z_{Rf}}{\pi \cdot r_f^2(0)} = 1/b \tag{4.14}$$

mit q_{00} = q-Parameter des Grundmode.

In [KRAM 88] wird die Qualitätskennzahl K^* genannt und definiert zu:

$$K^* = \frac{\lambda}{\pi \cdot \Theta_F \cdot r_f(0)} \tag{4.15}$$

Das Merkblatt DVS 3203 Teil2 (Deutscher Verband für Schweißtechnik, Dez. 1988) definiert eine Strahlkennzahl K (wertmäßig identisch mit Q^* und K^*) über die Brennweite f und den Strahldurchmesser D auf der Fokussieroptik:

$$K = \frac{2\lambda \cdot f}{\pi \cdot D \cdot r_f(0)} \tag{4.16}$$

Maximale Strahlqualität ($Q^* = 1$) ergibt sich bei minimalem Strahlparameter ($b = 1$). Um gleichzeitig einen minimalen Fokusradius (für hohe Intensitäten) und eine maximale Tiefenschärfe (zum Toleranzausgleich und für große Bearbeitungstiefen) zu erreichen, muß der verwendete Laserstrahl eine möglichst hohe Qualität aufweisen, d.h. Q^* muß möglichst nahe bei 1 liegen.

4.4.5 Strahldiagnostik

Der Laserstrahl wird durch die Parameter Strahlleistung, Polarisation, Divergenz und Intensitätsverteilung charakterisiert. Die Qualität des Rohstrahls bestimmt in Kombination mit den Strahlführungs- und -formungskomponenten die Fokussierbarkeit des Laserstrahls und damit die Intensitätsverteilung im Fokus. Die Diagnostik des unfokussierten, aber auch des fokussierten Strahls ist deshalb unter folgenden Gesichtspunkten von Bedeutung:

- Als Bestandteil einer kontinuierlichen Prozeßkontrolle kann sie zur automatisierbaren Qualitätssicherung eingesetzt werden, indem ein Strahlparameter, z.B. der Strahlradius, überwacht wird.

- Werden nur intervallmäßig Diagnosemessungen durchgeführt, so können Aussagen über das Lasersystem (z.B. Justierung des Resonators) und über die gesamte Bearbeitungsanlage (Justage bzw. Alterung der Spiegel, Fenster, Linsen) gemacht werden.

- Kenntnisse über den Laserstrahl, wie sie aus Diagnoseeinrichtungen gewonnen werden können, sind zur Entwicklung neuer, sowie zum Verständnis und zur Beherrschung der bekannten Laserbearbeitungsverfahren unverzichtbar.

Die hier genannten Einsatzmöglichkeiten der Strahldiagnostik setzen die Anwendbarkeit an verschiedenen Punkten des Strahlweges vom Resonatorauskoppelfenster bis zur Bearbeitungsstelle voraus. Dies erfordert eine hohe thermische Belastbarkeit, um auch im Fokuspunkt, also bei Intensitäten bis weit über 10^7 W/cm^2, messen zu können. Die Messung im Fokuspunkt ist aus zwei Gründen erforderlich: Zum einen erhält man so direkt die letztendlich entscheidenden Parameter am Bearbeitungspunkt, zum andern sind bei instabilen Resonatoren Aussagen über die Qualität des Laserstrahls nur möglich, wenn im Fokus oder im Fernfeld gemessen wird, weil aufgrund von Beugungserscheinungen die Intensitätsverteilung im Nahfeld orts- und zeitabhängig ist. Erst im Fernfeld ist die Beugungsfigur konstant. Der Übergang von Nah- zu Fernfeld liegt bei den industriell eingesetzten Lasern im Bereich von über zehn Metern. Da es aber nur bedingt möglich ist, den Strahl so weit frei laufen zu lassen, mißt man die Intensitätsverteilung im fokussierten Strahl; denn im Fokus ist die Nahfeldverteilung in die Fernfeldverteilung transformiert [VDI 90].

Eine einfache Möglichkeit, qualitativ die Intensitätsverteilung zu bestimmen, ist die Abbildung des Strahls in absorbierenden Materialien ('Burn in'), wie z.B. Plexiglas, Preßspan, Schamotte. Genauere Meßwerte liefern Verfahren, bei denen man einen Bruchteil der Laserstrahlung auskoppelt und den Strahlquerschnitt auf ein CCD-Feld (charged coupled device), was ein flächig segmentierten Photodetektor auf Halbleiterbasis ist, abbildet oder schrittweise mittels eines pyroelektrischen Photodetektors vermißt. Letzteres Verfahren führt zu Strahlabtastzeiten von bis zu mehreren Sekunden, weshalb Pulslaser mit Pulslängen im µs-Bereich damit nicht vermeßbar sind.

In [CLEE 87] sind vier Verfahren für Dauerstrichlaser dargestellt, die mit hochreflektierenden, durch den Laserstrahl rotierenden Nadeln arbeiten. Mittels dieser Nadeln wird ein Bruchteil des untersuchten Strahls auf den Detektor reflektiert. Durch die kurze Verweilzeit im Strahl ist die thermische Belastung der Reflektoren begrenzt. Daher sind auch die Messung im fokussierten Strahl möglich.

Eines dieser Meßgeräte (Laserscope UFF100 von Prometec GmbH, Aachen) stand für die eigenen, in Kap. 6.1 geschilderten Messungen zur Verfügung. Es tastet den Laserstrahl mit Hilfe einer rotierenden Hohlnadel ab, die an ihrem vorderen Ende eine kleine Bohrung aufweist (Bild 4.14). Die Strahlung, die durch diese Bohrung in die Nadel eintritt, wird durch die beiden geneigten Spiegelflächen auf einen pyroelektrischen Detektor reflektiert. Durch die Rotationsbewegung des Nadelträgers und die Verschiebung der Rotationsachse mittels eines Vorschubschlittens wird der gesamte Strahlquerschnitt abgetastet. Mit unterschiedlichen Strahlabtastköpfen sind sowohl Messungen im fokussierten, als auch im unfokussierten Strahl möglich. Die zeitlich gemittelte Absorption bzw. Reflektion der Laserstrahlleistung durch das Laserscope beträgt während eines Meßvorgangs nur ca. 1 %. Ein Einsatz zur kontinuierlichen Strahlkontrolle ist also ohne merkliche Beeinflußung des Bearbeitungsprozesses möglich, wenn die diffus aus dem Gerät herausreflektierte Strahlung ausreichend abgeschirmt ist.

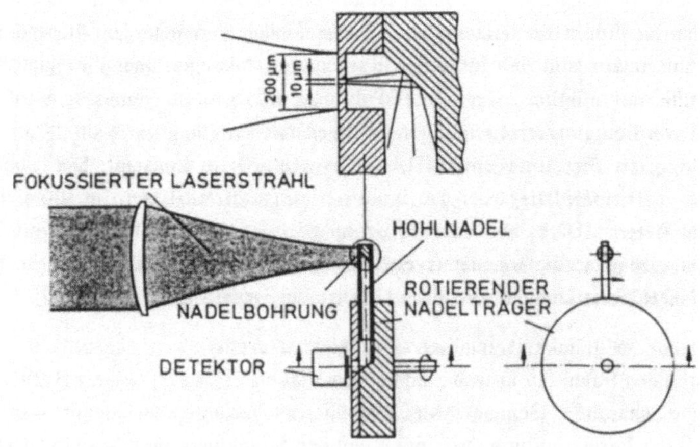

Bild 4.14:   Laserstrahldiagnostiksystem Laserscope UFF 100

4.5   Sensorsysteme

4.5.1   Abstandssensoren

Zum Laserschneiden muß der Abstand der Gasdüse zum Werkstück innerhalb eines Toleranzbereichs von ca. $\pm0,1$ mm liegen, um konstante Strömungverhältnisse im Schnittspalt zu gewährleisten. Allenfalls durch die Verwendung von Lavaldüsen läßt sich bei sehr viel höherem Gasfluß der Toleranzbereich auf ca. $\pm0,3$ mm vergrößern. Zur geregelten Nachführung des Fokussierkopfes und der Schneiddüse über dem Werkstück werden derzeit fast ausschließlich *kapazitive Abstandssensoren* eingesetzt. Bei diesen Systemen bildet die Düsenspitze mit dem Werkstück eine Kapazität, die bei konstanter Form der beiden Körper nur von deren Abstand und der Dielektrizitätskonstante des dazwischen befindlichen Mediums abhängig ist [WEID]. Die kapazitiven Systeme sind aufgrund ihres Meßprinzipes nur zur Abstandsregelung geeignet und reagieren empfindlich auf Dämpfe, Schweißpartikel, Feuchtigkeit etc. zwischen Sensor und Werkstück, weil sich dadurch die Dielektrizitätskonstante und damit die gemessene Kapazität verändert.

Taktile Sensoren werden zur Ergänzung kapazitiver Systeme eingesetzt, wenn der Werkstoff ein Isolator ist.

Die *Lasertriangulation* befindet sich als Verfahren zur Abstandsmessung bei der Laserbearbeitung noch in der Phase der Systementwicklung. Hierbei sind die Lichtquelle (HeNe- oder Halbleiter-Laser) und der Bildaufnehmer (CCD-Zeile oder photosensitives Element) in einem definierten Abstand zueinander angeordnet. Der Meßlaserstrahl wird von der Werkstückoberfläche diffus reflektiert und je nach Höhe über dem Werkstück auf eine bestimmte Position des Bildaufnehmers abgebildet. Zur Vermeidung der Überblendung kann die Meßstelle nicht direkt auf dem Bearbeitungpunkt liegen. Infolgedessen tritt bei gekrümmten Bauteilen ein Fehler auf, wenn der Vorlauf nicht eingerechnet wird. Um den Abstand zwischen Meß- und Bearbeitungspunkt gering halten zu können, schlägt [BENN 90] zur optischen Abschirmung gegen das laserinduzierte Plasma die Anbringung eines Trennblechs an der Arbeitsdüse vor. Die Lasertriangulation bietet neben den nachfolgend beschriebenen induktiven Systemen die einzige Möglichkeit, auch beim Schweißen eingesetzt zu werden. Dort spielt weniger der konstante Düsenabstand, sondern je nach Brennweite und Qualität des Laserstrahls mehr die Einhaltung der Fokuslage innerhalb der Rayleighlänge z_{Rf} (nach Gl. 4.9 und 4.10 typischerweise $\pm0,5$ mm) eine Rolle.

4.5.2 Nahtfolgesensoren

Das Laserstrahlschweißen komplexer, toleranzbehafteter Bauteile ließ sich bislang nur mit sehr aufwendiger Spanntechnik lösen. Eine wesentliche Vereinfachung wird durch den Einsatz von Nahtfolgesensoren erreicht [DREW 84, NIEP 84]. Dazu sollten folgende Anforderungen erfüllt sein [DREW 87, GARN 90]:

- Genauigkeit: Eine Abstandsauflösung von mind. 0,5 mm und eine Auflösung der seitlichen Abweichung von mind. 0,2 mm.

- Geschwindigkeit: Schweißgeschwindigkeiten über 4 m/min.

- 3D-Bahnkorrektur: Räumliche Bahnkorrektur mit entsprechender Orientierungs-änderung. Bestimmung der Tangentenrichtung der Schweißnaht, um eine eventuelle Zusatzachse ansteuern zu können, die vorlaufend den Sensor oder eine Kaltdraht- bzw. Gaszufuhr in konstanter Richtungslage zur Schweißnaht trägt.

- Erkennung von Nahtanfang und -ende.

- Steuerung: Schnelle und störungsfreie Auswertung. Im Sinne der Bedienerfreund-lichkeit müssen Daten zur Definition der Naht einfach eingegeben und modifiziert werden können.

- Aufbau: Unempfindlichkeit gegenüber Hitze, Schweißdämpfen, Schweißpartikeln und elektromagnetischen Störfeldern. Kompakte Bauweise.

- Flexibilität: Das Schweißnahtverfolgungssystem sollte in der Anwendung bei verschiedenen Nahtformen flexibel einsetzbar sein.

Taktile Nahtverfolgungssysteme tasten mit Hilfe von Fühlstiften, Laufrollen oder Tastfühlern die Schweißnaht berührend ab. Das Signal des mechanischen Fühlers wird hydraulisch oder elektrisch verstärkt. Diese System können nur bei einfachen Konturen und niedriger Geschwindigkeit zur on-line Nahtfolge eingesetzt werden und sind daher eher als Teachhilfe geeignet [WEID].

Induktive Systeme beruhen darauf, daß eine mit Wechselstrom beaufschlagte Ringspule ihre Induktivität verändert, sobald sie sich einem elektrischen Leiter nähert. Die Spule induziert im leitenden Werkstück einen Wirbelstrom mit elektromagneti-schem Feld, das gemäß der Lenzschen Regel dem Erregerfeld der Ringspule entgegen wirkt und somit das Gesamtfeld schwächt. Die dadurch hervorgerufene Änderung der Induktion dient als Signal für die Abstandsmessung. Zur Nahtverfolgung werden weitere Teilspulen in gemeinsamer magnetischer Achse um die erregte Ringspule angeordnet. Die dadurch induzierten gegenphasigen Spannungen in diesen Teilspulen entsprechen den Werkstückmassenverhältnissen. Als Ausgangssignal ent-steht ein resultierender Spannungswert entsprechender Polarität, der sich ändert, sobald die leitenden Massen beiderseits der Naht die gemeinsame magnetische Achse verlassen. Ist der Sensor dagegen direkt über der Nahtmitte, so ist die resultierende Induktionsspannung genau null. Neben der Abstandsmessung entsteht dadurch ein Nahtfolgesystem, das auch den Seitenabstand zur Nahtmitte, sowie das Vorhandensein von Kanten und Nähten erkennt [TREU 84]. Sie unterliegen keinem Einfluß durch statische Magnetfelder und weisen eine kompakte Bauweise auf. Sie sind allerdings bei gehefteten Werkstücken wegen des kleinen Detektionsfeldes nur bedingt geeignet. Ein Problem stellt die elektrische Isolation des Spulenhalters dar. Die beim Schweißen auftretenden hohen Temperaturen sind für die meisten Kunststoffe ungeeignet. Keramik ist schwer zu bearbeiten und stoßempfindlich.

Als Meßprinzip *optischer Systeme* wird das Triangulationsverfahren angewandt. Läßt man den Strahl des Meßlasers quer zur Naht pendeln, so erhält man aus der zeitlichen Rasterung der Höhenmessung den Querschnitt der Naht (Bild 4.15). I-Nähte, die beim Laserschweißen fast spaltfrei sein müssen, sind allerdings kaum zu detektieren. Wenn der Meßlaser ein frequenzstabiler HeNe-Laser ist, kann vor dem Bildaufnehmer ein entsprechend schmalbandiges Interferenzfilter angeordnet werden. Dieses sorgt dafür, daß die Messung nicht durch anderes Streulicht, wie zum Beispiel vom Plasmaleuchten, beeinträchtigt wird. Manche Systeme verwenden zur Objetkbeleuch-

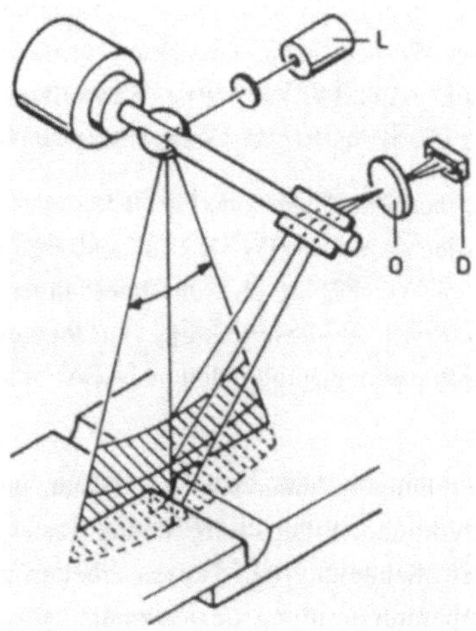

*Bild 4.15:   Schematische Darstellung der Funktionsweise des Oldelft Seampilot
Nahtfolgesensors (L: HeNe-Laser, O: Abbildungsoptik, D: Diodenzeile)
[OLDE]*

tung statt eines HeNe-Lasers einen oder zwei Halbleiterlaser [KÖLB]. Diese sind
zwar im Aufbau wesentlich kompakter, aber bei schwankenden Betriebstemperaturen
nicht frequenzstabil. Das bedeutet, daß ohne aufwendige Temperaturstabilisierung
eine Drift ihrer emittierten Wellenlänge auftritt. Daher darf bei ihnen das Schutzfenster nicht ganz so schmalbandig gewählt werden wie bei den frequenzstabileren
HeNe-Lasern. Somit gelangt auch mehr Streulicht hindurch.

Um die aufwendige mechanische Pendelung des Laserstrahles zu vermeiden, werden
beim *Lichtschnittverfahren* Lichtbalken oder -gitter auf die Naht projiziert, deren
diffus reflektierte Strahlen ein flächiger Bildaufnehmer (CCD-Feld) empfängt. Wegen der komplizierten Bildauswertung ist allerdings für den on-line Betrieb eine
große Rechenleistung Voraussetzung.

4.5.3   Prozeßsensoren

Es existieren einige Ansätze, Sensorsysteme zu entwickeln [HART 90, GATZ 90,
HAMA 90], die den Schweißprozeß überwachen können, da eine große Anzahl von
Applikationen, die wesentliche Erhöhung des Automatisierungsgrades einer Laserzelle, die Qualitätskontrolle in Echtzeit oder das Schweißen mit gut definierter
Einschweißtiefe, erst durch die Verfügbarkeit einer entsprechenden Sensorik möglich
sind. Eigene Erfahrungen zeigen, daß bei räumlichen Bearbeitungen auf Grund der
wechselnden Geometrie eine programmgesteuerte Anpassung der Laserleistung häufig nicht ausreicht, sondern eine prozeßorientierte Regelung notwendig wäre. Insbesondere bei komplexen Werkstücken, bei denen veränderliche Verfahrgeschwin-
digkeiten und Bearbeitungswinkel entlang einer Schweißnaht notwendig sind, kann
eine Leistungsanpassung die Konstanz des Schweißergebnisses erheblich verbessern.

Die bisherigen Ansätze zur Prozeßsensorik bestehen darin, die Rückwirkung des
Prozesses auf den Resonator selbst [WEER 85, SCHE 86] und das Werkstück
[HAMA 90, GATZ 88, STAR 89] durch Schallmessungen zur Prozeßanalyse her-
anzuziehen, die rückgestreute IR-Laserleistung zu messen [DONA 89] und das
Schweißplasma spektroskopisch zu untersuchen [ALAV 89, ROCK 87, SOKO 88,
SOKO 89].

In der industriellen Erprobung befindet sich ein System, das Funken- und Argon-
plasmabildung mit Photodioden, Filtern und Blenden detektiert [HART 90]. Regel-
verfahren für das Bohren, Schneiden und Härten arbeiten zumeist mit Pyrodetekto-
ren, bei denen die Temperaturstrahlung der Schmelze gemessen wird [FRAU 91].
Die Anwendung dieses Verfahrens auf das Schweißen ist wegen der wesentlichen
Rolle, die die freien Elektronen des Schweißplasmas im Prozeß spielen, ungeeignet.

Zudem ist die Intensität des vom Plasma emittierten Lichtes bei weitem größer als die der Temperaturstrahlung der Schmelze. Zur Erkennung des Durchschweißgrades existiert bislang ein experimenteller Ansatz, der die Änderung des Leistungsdichtespektrums des Plasmaleuchtens in einem Wellenlängenintervall durch Filter und Photodioden beobachtet [FRAU 91]. Die Ursachen dafür, nämlich die Verschiebung der Frequenz der Plasmafluktuationen zu höheren Frequenzen hin (vgl. dazu [MIYA 83, DONA 84]) hängen mit starken Druckschwankungen im Einstichloch zusammen.

4.5.4   Schnittstellen

Im Unterschied zur typischen Rechnerkommunikation zeichnet sich der Werkstatt- oder Feldbereich durch eine wesentlich größere Vielzahl der Hersteller, Vielfalt der Anwendungen und Unterschiedlichkeit der Geräte aus. Dies kennzeichnet die besondere Schwierigkeit, aber auch die Notwendigkeit offener Kommunikation im Feldbereich und damit auch im Fertigungsfeld von Laserrobotern. Daher wird die Standardisierung eines geeigneten Feldbusses angestrebt. Eine solche Implementierung stellt beispielsweise der PROFIBUS dar. Grundlage für seine Hersteller-Unabhängigkeit sind Standardprotokolle. Die Datenübertragung erfolgt über eine verdrillten Zweidrahtleitung (RS 485) mit Übertragungsraten von 9,6 bis 500 kbit/s. Alle Feldgerätetypen wie Sensoren, Meßgeräte, Feldmultiplexer, speicherprogrammierbare Steuerungen (SPS), Stellglieder usw. werden durch eine einzige Leitung als Ersatz für die gebräuchliche Einzelverdrahtung vernetzt. Diese Möglichkeiten bieten gerade für den Kommunikationsbedarf zwischen Robotersteuerung, Sensorik und Lasersteuerung ein großes Potential (Bild 4.16).

Gegenwärtig sind die Abstandssensoren fast auschließlich über analoge Schnittstellen mit den Robotern verbunden. Hierfür kann in Zukunft ein genormter Feldbus einen sinnvollen Ersatz der störungsanfälligen Analogübertragung darstellen. Dieser Bus kann dann auch die eventuell notwendige Kommunikation zwischen mehreren Robotern, beispielsweise für Werkzeug- und Werkstückhandhabung, übernehmen.

Für die speziellen Fälle der Nahtverfolgesensorik und der on-line-Prozeßregelung sind aufgrund der großen Datenmengen, die in kurzer Zeit übertragen werden müssen, auch in naher Zukunft noch Punkt-zu-Punkt-Verbindungen die erste Wahl. Allerdings fehlen hierfür noch standardisierte Schnittstellen und Protokolle.

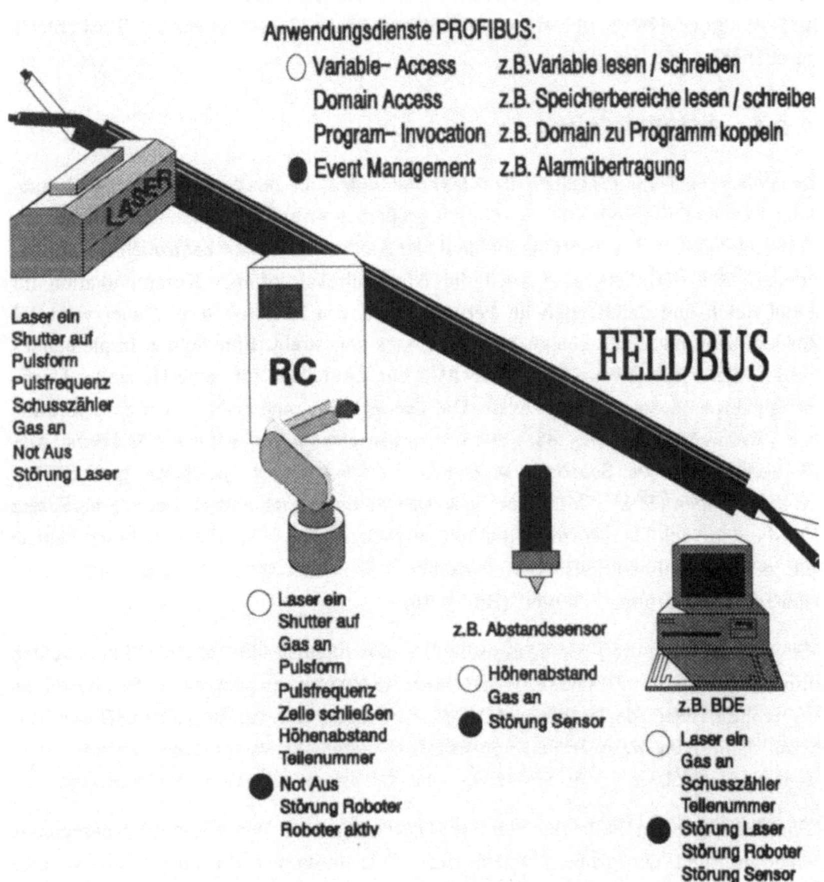

Bild 4.16: Mögliche Anwendungsdienste einer Feldbusverbindung bei Laserrobotern

5 Rechnergestützte Hilfsmittel

Neben der Senkung der Herstellkosten und der Steigerung der Produktqualität ist das strategische Ziel moderner Produktionstechnik die Verkürzung der Entwicklungszeit von der Idee bis zum fertigen Produkt (Bild 5.1) und der Durchlaufzeit vom Auftragseingang bis zur lieferbereiten Ware. Zur taktischen Durchsetzung dienen sowohl entsprechend flexible Fertigungsmittel, als auch der Einsatz vernetzter Rechnersysteme. Im Bereich der Fertigung leitet sich daraus eine Tendenz zur computerintegrierten, flexibel automatisierten Fertigung ab. Wurden im vorangegangenen die Vorzüge des Lasers als Fertigungsmittel diskutiert, so sollen im folgenden die Möglichkeiten rechnergestützter Hilfsmittel für die Laserrobotik dargestellt werden. Da diese bislang große Defizite aufwiesen, bildeten sie einen Schwerpunkt der eigenen Entwicklungsarbeit.

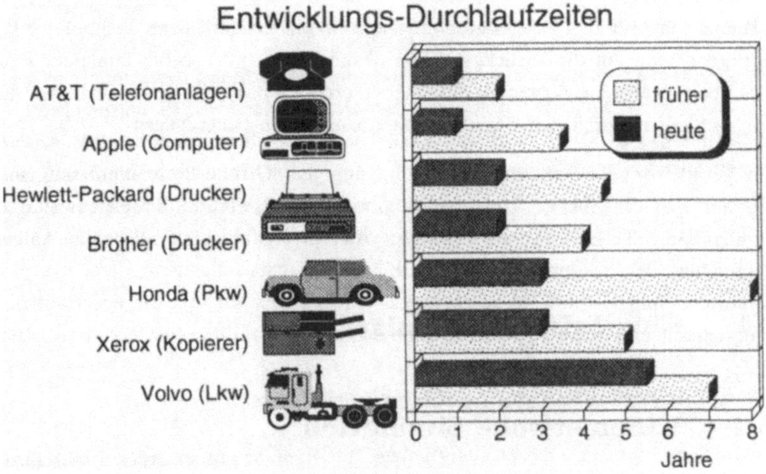

*Bild 5.1:   Entwicklungszeiten im Vergleich früher und heute
(Quelle: Dr. Radermacher & Partner)*

Kennzeichnend für die Laserstrahlbearbeitung sind hohe Investitionskosten, was zu hohen Maschinenstundensätzen führt, geringes Prozeßwissen aufgrund der Neuheit des Verfahrens, sowie ein im allgemeinen großes Werkstückspektrum. Die Integration der Laserbearbeitung in ein CIM-Konzept stellt eine wichtige Aufgabe dar. Im Rahmen von CIM (Computer Integrated Manufacturing) sollen alle Bereiche der technischen Auftragsabwicklung, vom Auftragseingang über die Konstruktion, den Wareneinkauf, die Arbeitsvorbereitung, die Lagerhaltung, die Fertigung bis hin zur

Auslieferung, rechnergestützt im Verbund arbeiten und Daten austauschen. Eine Aufteilung in autonome Teilsysteme mit kompatiblen Schnittstellen ist notwendig, weil sonst bei Ausfall einer Komponente der Ablauf des gesamten Systems gefährdet ist. Die Planungssicherheit muß auch bei komplexer Aufgabenstellung gewährleistet werden, wozu Hilfsmittel der Simulation beitragen können.

Zwei vornehmliche Ziele beim Einsatz rechnerunterstützter Hilfsmittel lassen sich den z. Z. am häufigsten eingesetzten Laser-Fertigungsverfahren zuordnen: Beim Schneiden steht die Erhöhung der Flexibilität im Mittelpunkt, beim Schweißen ist die Erreichung maximaler Produktivität ausschlaggebend. Beide Verfahren setzen eine hohe Planungssicherheit voraus. Dies betrifft sowohl die technologische Planung als auch die Anlagenplanung mit ihren Abläufen.

Für die technologische Arbeitsplanung wurde ein Datenbanksystem entwickelt. Die Tatsache, daß für die Laserbearbeitung erst wenige zuverlässige Technologiedaten verfügbar sind, auf die zurückgegriffen werden kann, machte die Implementierung von Ähnlichkeits-Suchkriterien und einer Interpolationsroutine unumgänglich. Daher war es nicht möglich, auf Standard-Datenbanksysteme aufzubauen.

Zur geometrisch orientierten Anlagenplanung und Offline-Programmierung wurde das am iwb entwickelte Universelle Simulationssystem USIS entsprechend den Bedürfnissen der Laserrobotik erweitert. Hierbei ergaben sich besondere Anforderungen aus der gekoppelten Kinematik eines 6-Achs-Industrieroboters mit passiv geführtem Spiegel-Strahlführungssystem. Dabei ist es wichtig, die Reichweite, Zugänglichkeit und eventuelle Kollisionen schon im Vorfeld kontrollieren zu können.

5.1   Kinematische Simulation

5.1.1   Entwicklungsumgebung

Die Planung einer Laserbearbeitungsanlage mit Roboter und externer Strahlführung schließt eine Optimierung bei der Aufstellung und Zuordnung der Komponenten ein. Dabei sind die komplizierten kinematischen Gegebenheiten zu berücksichtigen. Das universelle Simulationssystem USIS wurde am iwb für den Entwurf von Roboterarbeitszellen und zur Programmerzeugung am Bildschirm konzipiert [WRBA 90]. Es ermöglicht die komplette dreidimensionale Darstellung einer Fertigungszelle, die aus Einzelkomponenten wie beispielsweise CNC-Werkzeugmaschinen, Handhabungsautomaten und deren Peripherie bestehen kann. Darüber hinaus ist es möglich, Steuerungskonzepte auf unterschiedlichen Hierarchieebenen zu testen.

Die Programmierung der Bewegungsabläufe erfolgt in derjenigen Sprache, mit welcher auch das reale System arbeitet. Das mit USIS erstellte Roboterprogramm kann über eine DNC-Verbindung (direct numerical control) an den realen Roboter übertragen werden. Ein aufwendiges Teach-in Verfahren mit Stillstandszeiten der Anlage kann somit entfallen.

Zum Leistungsumfang des Simulationssystems gehören:

- Auswahl des für die Aufgabe optimalen Roboters.

- Zellenentwurf und Layoutplanung, d.h. Finden der optimalen Zellenanordnung.

- Erstellung und Ablaufsimulation der Bewegungsprogramme (z.B. Laserroboter).

- Durchführung von Kollisions- und Zugänglichkeitsuntersuchungen.

Für die Simulation benötigt man die Geometriemodelle der wesentlichen Anlagenkomponenten. Geometriedaten aus der Konstruktionsabteilung können in die Simulation übernommen werden. Für diesen Zweck existieren Schnittstellen zu den gängigen 3D-CAD-Systemen (Bild 5.2). Am iwb wird dafür das CAD-System EUCLID eingesetzt. Für die Layoutgestaltung und Positionierung der Werkstücke stehen dem Anwender auch innerhalb von USIS eine Reihe CAD-ähnlicher Funktionen zur Verfügung. Die Planung läßt sich aufgrund der Visualisierung von Layout und Verfahrensablauf effektiv durchführen.

Beliebige kinematische Strukturen wie beispielsweise Knickarm- oder Portalroboter lassen sich mit Hilfe des Kinematikgenerierungsmoduls ROBGEN in ihren Bewegungsmöglichkeiten und -grenzen modellieren und in die Simulation einbinden.

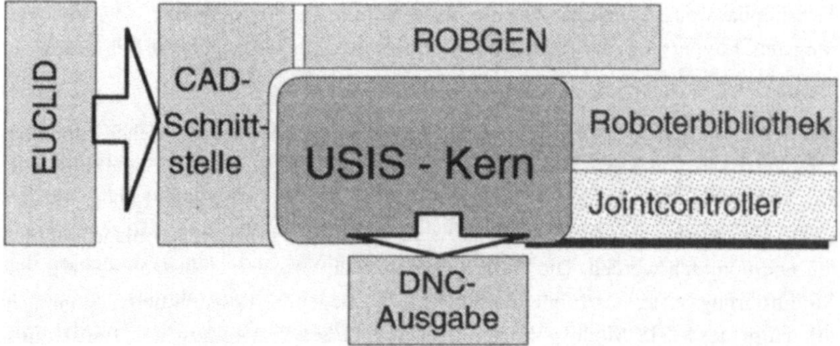

Bild 5.2: *Struktur des universellen Simulationssystems USIS. Der Jointcontoller wurde im Rahmen der eigenen Arbeit entsprechend den Bedürfnissen gekoppelter Kinematiken erweitert.*

Dazu werden die einzelnen Teilsysteme an frei wählbaren Punkten durch Rotations-
oder Translationsachsen verbunden.

Zur off-line-Programmierung sind die gängigen Roboter nicht nur kinematisch,
sondern auch steuerungstechnisch modelliert und in einer *Roboterbibliothek* abgespeichert. D.h. diesen Robotern ist jeweils eine Befehlssprache zugeordnet, die der
in der realen Robotersteuerung implementierten Sprache entspricht. Damit ist es
möglich, Bewegungsfolgen und steuerungstechnische Verknüpfungen wie das Setzen
von Ausgängen oder das Warten auf Eingänge zu programmieren. Die Verknüpfung
zwischen kinematischem und steuerungstechnischem Modell geschieht durch den
Eintrag in eine entsprechende Roboterbibliothek.

Für Kinematiken, die in USIS nicht mit einer definierten Programmiersprache steuerungstechnisch erfaßt sind (z.B. Roboter mit neuen Steuerungen) und die daher nicht
als feststehender Robotertyp in der USIS-Roboterbibliothek stehen, geschieht die
Bewegungsprogrammierung im Simulationssystem mit Hilfe einer neutralen Programmiersprache. Diese neutrale Sprache wird *Jointcontroller* genannt. Sie ermöglicht die Programmierung frei definierter Bewegungen der kinematischen Struktur.
Grundlegende Bewegungsbefehle, wie die Bewegung von Punkt A zu Punkt B,
lassen sich damit in einer Befehlsfolge festhalten und reproduzierbar ausführen.

5.1.2   Simulation eines Roboters mit gekoppelter Kinematik

Um Erkenntnisse über die Einsatzmöglichkeiten eines Laserroboters aus Stand-
ardelementen zu gewinnen, wurde eine Fertigungszelle bestehend aus einem CO_2-
Laser und einem Knickarmroboter (KUKA 161/25) mit externer Strahlführung in
Teleskopbauweise konzipiert und im Versuchsfeld des iwb aufgebaut. Zur Optimierung des Layouts wurden vorab alle Komponenten in USIS geometrisch und kinematisch modelliert.

Der Industrieroboter steht mit der entsprechenden steuerungstechnischen Modellie-
rung auf Basis von SRCL (Siemens robot control language) in der Roboterbibliothek
zur Verfügung. Die Geometrie der Komponenten des Strahlführungssystems für den
CO_2-Laser konnte in Form von CAD-Daten im IGES-Format vom Anlagenlieferan-
ten übernommen werden. Die Definition der Rotations- und Translationsachsen des
Strahlführungssystems erfolgte auf der Basis vorliegender Konstruktionszeichnungen
mit Hilfe des USIS-Moduls ROBGEN. Die Achsbeschränkungen der Translations-
achse, nämlich der maximale Auszug des Teleskops von 800 mm, lassen sich
realitätsgetreu nachbilden (Bild 5.3).

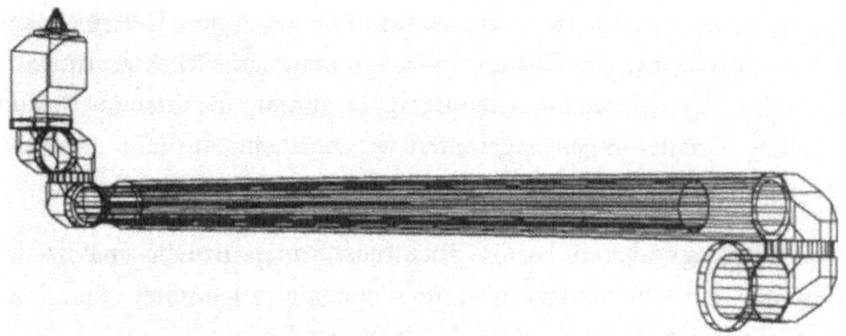

Bild 5.3:   Modell des Strahlführungssystems

Die gekoppelte kinematische Struktur von Roboter und Strahlführungssystem stellte neue Anforderungen an das Simulationssystem. Die vorhandenen softwaretechnischen Gegebenheiten reichten nicht aus, um beide kinematischen Systeme synchron zu simulieren und in einem realistischen Zeitverlauf am Bildschirm darzustellen. Daher lag der Schwerpunkt der eigenen Entwicklungen auf der Verwirklichung der Bewegungssimulation für die gekoppelte Kinematik von Roboter und Strahlführungssystem.

Es gibt dafür prinzipiell zwei Lösungswege: Einerseits besteht die Möglichkeit, das Strahlführungssystems als neuen Robotertyp in die Bibliothek der verfügbaren Roboter aufzunehmen und speziell steuerungstechnisch zu modellieren. Dazu müssen besondere Synchronisationsbefehle mit anderen Robotern zur Verfügung gestellt werden. Andererseits kann der Jointcontrollers in seiner Funktionalität entsprechend erweitert werden. Dies setzt voraus, daß die zu erstellenden Algorithmen für alle kinematischen Strukturen, die über ROBGEN definiert sind, die notwendigen Berechnungen zur synchronen Bewegungssimulation übernehmen können. Dieser zweite Lösungsweg wurde realisiert mit dem Vorteil, universell für die verschiedensten Kinematiken einsetzbar zu sein.

Die Synchronisation wird folgendermaßen simuliert und visualisiert: Bewegt sich der Roboter vom Punkt A zum Punkt B, so wird diese Strecke in kleine Zeiteinheiten von 50 ms zerlegt. Läuft diese schrittweise Bewegung am Grafikschirm ab, so hat der Betrachter den Eindruck eines sich kontinuierlich bewegenden Ablaufes, wobei auch die beschriebene Bahn dargestellt werden kann (Bild 5.4). Im Falle der Laserbearbeitungszelle bewegt der Roboter das passive Strahlführungssystem mit. Ist es möglich, für jeden dieser Zeitschritte die Gelenkwinkel des Strahlführungssystems so zu bestimmen, daß sich am Anflanschpunkt des Strahlführungssystems mit dem Roboterarm keine Relativbewegung ergibt (Identität der Verbindungsstelle Roboterarm/Strahlführungssystem), so entsteht ein synchroner Bewegungsablauf. Für das Strahlführungssystem wird in jedem Zeitschritt die Position und die Orientierung

des Anflanschpunktes vorgegeben und daraus die benötigten Gelenkwinkel bzw.
-verschiebungen berechnet. Die Lösung wird geometrische Rücktransformation genannt. Sie ist im allgemeinen nicht eindeutig bestimmt, da oft eine Position mit
unterschiedlichen Achsstellungen angefahren werden kann. Im Falle des Knickarm-
roboters läßt sich die Rücktransformation analytisch lösen.

Für das Strahlführungssystemes ist die Rücktransformation nicht analytisch lösbar,
weil die Gelenke der kinematischen Kette ungünstig angeordnet sind. Man muß
daher zu einer teilweisen oder vollständig iterativen Lösung übergehen, wie sie in
[TAUB 90] beschrieben ist. Da diese Rücktransformation für allgemeine Kinematiken anwendbar ist, bot es sich an, den Jointcontroller so zu erweitern, daß er auch
die speziellen Synchronisationsaufgaben bei der Laserbearbeitung mit externer
Strahlführung übernehmen kann. Dazu wird ein Kopplungskörper der aktiven Kinematik (Industrieroboter) festgelegt, der die Verbindung mit der passiven Kinematik
(Strahlführungssystem) bestimmt. Der Kopplungskörper ist im vorliegenden Beispiel
die Fokussieroptik. Dabei wird automatisch die Transformationsmatrix von einem
Kopplungskörper zum anderen berechnet und bei synchroner Bewegung konstant
gehalten. Während des Programmablaufs kann es geschehen, daß der aktive Roboter
in eine Stellung fährt, die die passive Kinematik nicht mehr erreichen kann. In
diesem Fall wird eine Warnung ausgegeben und die im Anschlag befindliche Achse

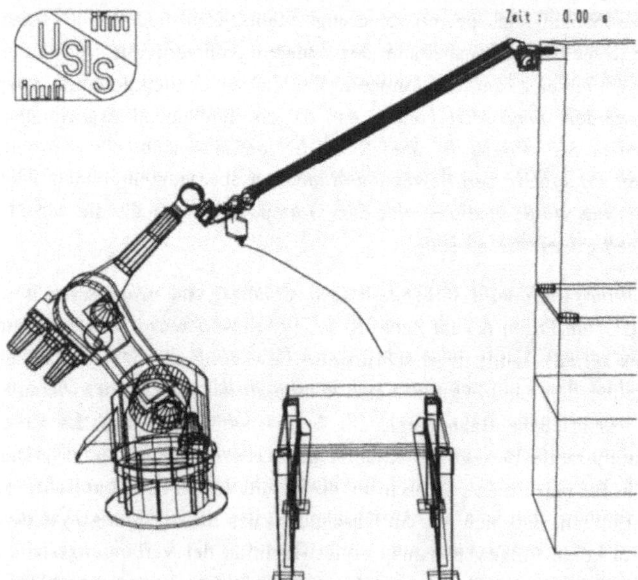

Bild 5.4:   Bewegungssimulation der gekoppelten Kinematik

genannt. Je nach Voreinstellung hält das Programm an dieser Stelle an oder fährt fort. Die Simulation bietet damit die Voraussetzung zur grafisch interaktiven Off-line Programmierung der Laserbearbeitungsanlage.

5.1.3 Arbeitsraumbestimmung

Die Auslegung einer Anlage und die geeignete Plazierung der Werkstücke wird sehr vereinfacht, wenn der Planer eine Vorstellung vom möglichen Arbeitsraum hat. Die Bewegungsgrenzen einer einzelnen Kinematik sind mit Hilfe von ROBGEN einfach zu modellieren und zu veranschaulichen (Bild 5.5). Weil gekoppelte Kinematiken i. allg. stark eingeschränkte, komplexe Arbeitsräume aufweisen, ist es von besonderem Interesse, diese erfassen und darstellen zu können. Daher wurde in USIS noch eine Erweiterung des Jointcontrollers implementiert, mit deren Hilfe der Arbeitsraum gekoppelter Systeme bestimmt werden kann. Es hat sich als sinnvoll erwiesen, den Arbeitsbereich des Roboters in horizontale Schnitte mit einem Höhenabstand von 10 cm zu zerlegen. Diese Ebenen werden vom aktiven Roboter jeweils soweit durchfahren, bis das passiv mitgeführte Strahlführungssystem an seine Achsgrenzen gelangt. Die dazu gehörige Position wird in einer Datei abgespeichert. Zum Schluß werden diese gespeicherten Positionen hintereinander bei gleichzeitiger Generierung von Linien abgefahren. Somit ergibt sich für die gekoppelte Kinematik ein schichtweises Abbild des Arbeitsraumes (Bilder 5.6 und 5.7).

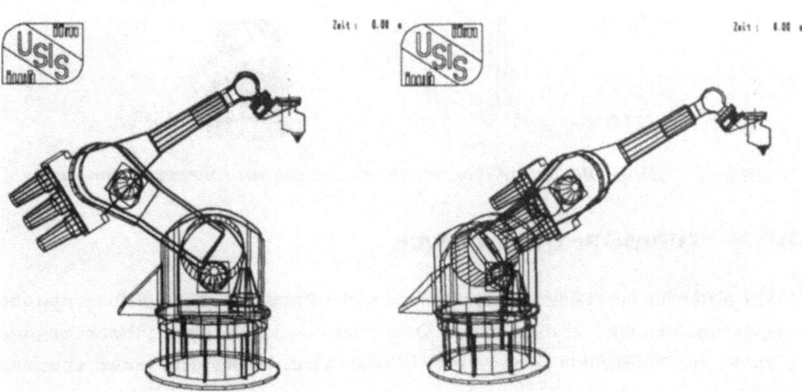

Bild 5.5:   Zwei Extremstellungen

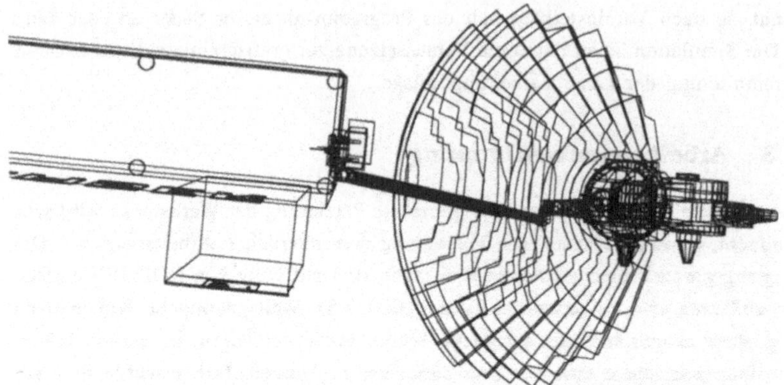

Bild 5.6:   Darstellung des Arbeitsraumes der gekoppelten Kinematik von oben

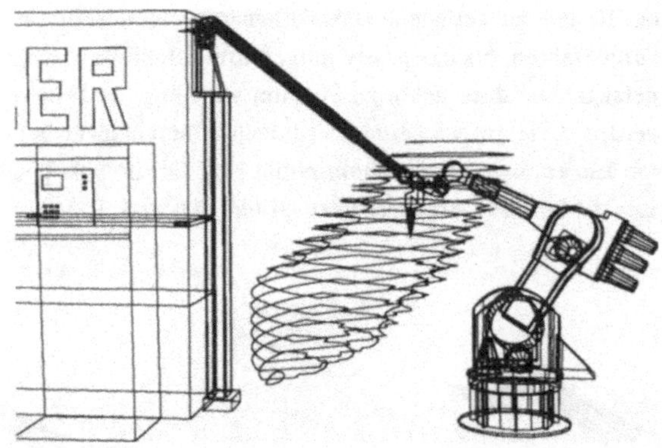

Bild 5.7:   Darstellung des Arbeitsraumes der gekoppelten Kinematik von vorne

5.1.4   Offline-Programmierung

USIS bietet für den Bediener eine umfangreiche Unterstützung, um Roboterpositio-
nen anzufahren und abzuspeichern. Damit lassen sich komplette Bewegungsprogramme für Industrieroboter erzeugen. Durch Visualisierung der Bewegungen am
Grafikterminal können die Positionen und der Bewegungsablauf der Roboterpro-
gramme in der Simulation getestet werden. Dies ist gerade bei der neu ermöglichten
gekoppelten Kinematik von Roboter und Strahlführungssystem von großem Nutzen.
Kritische Situationen und Kollisionen werden erkannt und können entsprechend
korrigiert werden; sollten im Programm noch Modifikationen nötig sein, so können

diese eingefügt und in die Simulation einbezogen werden. Das off-line erzeugte Roboterprogramm wird nach dieser Kollisions- und Zugänglichkeitskontrolle über eine DNC-Schnittstelle an die entsprechende Steuerung übergeben (Bild 5.8).

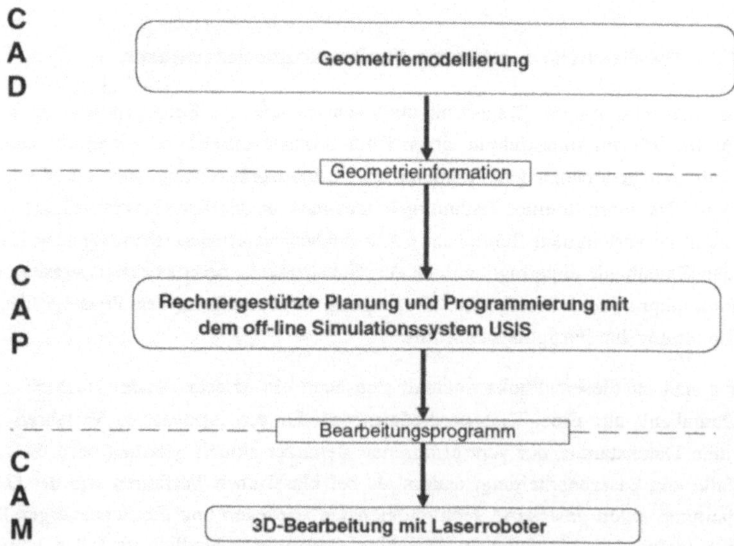

Bild 5.8:   Integration des Datenflusses zur offline-Programmierung

5.2 Wissensbasierte Datenbank

Das oft umfangreiche Werkstückspektrum eines Laserroboters stellt den Anwender immer wieder vor neue Anforderungen, die Prozeßparameter seiner Anlage optimal einzustellen. Meistens ist er dabei auf seine Erfahrung aus vorangegangenen Bearbeitungsaufgaben angewiesen. Die hohen Maschinenstundensätze verbieten einerseits zu umfangreiche Experimente zur Optimierung, andererseits zieht jede Bearbeitung, die langsamer oder mit geringerer Qualität als die optimale abläuft, vermeidbare Kosten nach sich. Somit kommt der raschen Parameteroptimierung eine zentrale Rolle zu. Unterstützung hierfür kann ein Datenbanksystem leisten. Für die Laserbearbeitung sind bislang noch relativ wenige, zuverlässige Technologiedaten verfügbar. Dennoch muß eine Datenbank den Anwender auch bei neuen Problemstellungen unterstützen. Hierzu sind sinnvolle Interpolationsroutinen erforderlich.

Da es auf dem Markt kein System gab, das den gewünschten Anforderungen entsprach, wurde das Datenbanksystem LasOpt entwickelt. Der Grundgedanke dieses Systems ist, einmal bewährte Parameterkombinationen abzuspeichern und bei sich

wiederholenden Problemstellungen schnell zur Verfügung zu haben. Weicht die neue
Bearbeitungsaufgabe von allen vorangegangenen ab, so ist das System in der Lage,
den Benutzer mit Hilfe von Interpolationsroutinen schnell zu der Parameterkombi-
nation zu führen, die seinem Problem am nächsten liegt.

5.2.1 Werkstattorientierte Technologiedatenbank

Bei der Konzeption einer Datenbank stellt sich zunächst die Frage, an welcher Stelle
sie in die Informationsstruktur eines Produktionsunternehmens eingefügt werden
soll. Für den gegebenen Fall kommen die Arbeitsvorbereitung oder die Werkstatt
in Frage. Die Vorteile einer Technologiedatenbank in der Arbeitsvorbereitung (AV)
sind nicht zu verleugnen: Bereits am CAD-Bildschirm können technologische Daten
aus der Datenbank abgefragt und in der Konstruktion berücksichtigt werden. Ein
Technologieprozessor besorgt die Übertragung der bereitgestellten Prozeßgrößen in
die Steuerung der Fertigungsmaschine.

Aber genau an diesem Punkt zeichnet sich auch ein entscheidender Nachteil einer
AV-Datenbank ab: Eine Technologiedatenbank für ein innovatives Verfahren lebt
von dem Datenstamm, der vom erfahrenen Benutzer aktuell gehalten wird. Solange
im Falle der Laserbearbeitung, anders als bei klassischen Verfahren wie der Dreh-
bearbeitung, kaum gesicherte Technologiedaten vorliegen und die notwendigen Einstellparameter von Maschine zu Maschine stark unterschiedlich ausfallen können,
ohne daß die Abhängigkeiten immer bekannt sind, kann eine AV-Datenbank dem
Benutzer nicht die optimal auf ihn abgestimmten Informationen bieten. Die Erfahrung zeigt, daß es in der Praxis um die so wichtige Aktualisierung von Daten meist
schlecht bestellt ist, wenn dies nicht von einem kompetenten Anlagenbediener durchgeführt wird. Keiner der Anwender fühlt sich sonst für den Datenbestand verantwortlich. Ein fehlerhafter Datensatz wirkt sich unter Umständen lange aus, bis er
korrigiert oder aus der Bibliothek gelöscht wird. Entsprechend verhält es sich mit
neuen Parameterkombinationen, die zu verbesserten Bearbeitungsergebnissen führen.

Aus diesem Grund ist LasOpt als Werkstatt-Datenbank angelegt, lauffähig auf einem
normalen Industrie-PC direkt neben der Lasermaschine. Dem Maschinenbediener
obliegt die Erweiterung und Aktualisierung seiner eigenen Bibliotheksdatei. Durch
einfache Eingabeschemen und eine gegen unplausible Eingaben abgesicherte Be-
nutzerführung ist dies jedem Anlageneinsteller möglich. Zum Datenaustausch mit
anderen Systemen und zur graphischen Darstellung von Approximationsdaten wurden Ein- und Ausgabemöglichkeiten zu ASCII-Dateien implementiert.

Um eine leichte Verbreitung des Systems zu ermöglichen, wurde es für Rechner nach dem Industriestandard, IBM-kompatible unter MS-DOS, entwickelt. Der Nachteil des kleinen Hauptspeichers wurde durch die Art der Datenstrukturierung abgefangen. Um auch bei großen Datenbeständen einen schnellen Zugriff zu ermöglichen, sind die abgespeicherten Datensätze indexsequentiell organisiert. Diese Strukturierung steht im Gegensatz zu relationalen Datenbanken, deren Vorteile in der hohen Flexibilität logischer Verknüpfungen liegen.

Der direkte Zugriff auf Massenspeicher, wie z.B. Festplatten, wird durch die Kenntnis der Position eines Datensatzes in der sequentiell angeordneten Datendatei ermöglicht. Die Information, wo sich der Datensatz befindet, steht in Form sogenannter Schlüssel bereit, die entsprechend den Abfragemöglichkeiten aufgebaut sind. Datensätze und Schlüssel sind separat in der Daten- und der Indexdatei abgespeichert. Die Programmierung von LasOpt erfolgte in TurboPascal. Zur Organisation der Datenverwaltung dient eine kommerzielle Bibliothek namens BTree-ISAM von Mirasoft. Der Name deutet auf die Zugriffsmethode hin: Bayer-Baum-indexsequentiell-access-method. R. Bayer und E.Mc Creight haben 1970 den zugrundeliegenden Algorithmus entwickelt.

Das Datenbanksystem gliedert sich in die Teilsysteme CutOpt zum Laserschneiden und WeldOpt zum Laserschweißen. Die beiden Datenbanken ermöglichen es, für ein vorliegendes Schneid- bzw. Schweißproblem bei Eingabe von Werkstoff, Werkstoffdicke, Schneidart bzw. Nahtart und Qualitätsanforderung die optimalen Hauptparameter Laserleistung und Vorschubgeschwindigkeit zu ermitteln. Sind keine direkt vergleichbaren Daten gefunden worden, werden die Schnittdaten interpolierend bzw. extrapolierend approximiert. Im folgenden ist der Programmteil CutOpt zum Laserstrahlschneiden beschrieben. Der Programmteil WeldOpt ist strukturell gleich aufgebaut.

Das Programm CutOpt gliedert sich in die drei Module auf: *Katalog, Berechnung* und *Dateiverwaltung*. Diese Aufteilung wurde gewählt, um eine für den Benutzer überschaubare Strukturierung zu gewinnen. Die wissensbasierte Komponente steckt im Berechnungsteil, da in ihm der eigentliche Optimierungsprozeß durchgeführt wird. Im Dateiverwaltungsteil sind Funktionen zur Organisation von Laseranlage- und Laserbetriebsdatendatei zusammengefaßt, um u. a. eine Schnittstelle zu anderen gängigen Datenbanksystemen zu haben. In den folgenden Abschnitten werden die verschiedenen Funktionen der Module Katalog und Berechnung beschrieben.

5.2.2 Katalog

Dieses Modul entspricht in seiner Funktionalität einer konventionellen Datenbank. Hierin sind alle Funktionen zusammengefaßt, die zum Nachschlagen, zur Aktualisierung und zum Ausdrucken von Datensätzen dienen. Durch Anwahl des Menüpunktes *"Werkstoff suchen"* kann der Benutzer in der CutOpt-Datenbank nach einem Datensatz, klassifiziert durch die Werkstoffnummer entsprechend DIN 17007 oder die Werkstoffbezeichnung suchen. Ein Datensatz enthält unter anderem die Einträge:

Werkstoffbezeichnung	Werkstoffnummer
Dicke	Laserleistung
Geschwindigkeit	Streckenenergie
Fokuslage	Düsenabstand
Brennweite	F-Zahl
Gasart	Gasdruck
Schnittweite	Rauhtiefe
Unebenheit	Unebenheit/Dicke
Pulsfrequenz/cw	Polarisation
Qualität	Referenz

5.2.3 Berechnung

Dieses Programmodul umfaßt alle für den Optimierungsprozeß relevanten Funktionen und Teilabläufe. Ein Berechnungslauf gliedert sich in folgende Abschnitte:

- Erfassung der konkreten Bearbeitungsaufgabe

- Ermittlung und Ausfilterung geeigneter Datensätze aus der Betriebsdatenbibliothek

  - Falls erforderlich: Eingriffsmöglichkeit zur gezielten Steuerung und Wiederholung des Suchlaufs

  - Falls erforderlich: Approximationslauf

- Berechnung der empfohlenen Laserleistung und Schnittgeschwindigkeit

- Hinweise auf ähnliche, vorhandenen Paramtersätze

5.2.3.1 Filterung geeigneter Datensätze

Das Schneidproblem wird durch die Angabe der DIN-Werkstoffnummer, der Dicke, des physikalischen Schneidverfahrens (Lasersublimierschneiden, -schmelzschneiden, -brennschneiden) sowie des Optimierungskriteriums (maximale Schneidgeschwindigkeit oder Mindestanforderung an die Schneidqualität) dem System mitgeteilt. Die eingegebene Werkstoffnummer kann bis zu 7 Stellen lang sein. Die Signifikanz der Stellen nimmt von links nach rechts ab. Die erste Stoffziffer gibt nach DIN 17007 die Werkstoffklasse an:

Stoffziffer: Werkstoffklasse:

0   Gußeisenlegierungen
1   Stahllegierungen
2   Kupferlegierungen
3   Aluminiumlegierungen
4-8   Nichtmetallische Werkstoffe

Die Suche nach geeigneten Datensätzen läuft in drei Stufen ab:

In der ersten Stufe wird eine Festlegung getroffen, wieviele DIN-Stoffziffern (von links) der vom Benutzer eingegebenen Werkstoffnummer mit denen der gespeicherten Datensätze übereinstimmen müssen. Existieren in der Bibliothek keine Datensätze mit genau der verlangten Werkstoffnummer, so reduziert CutOpt die übereinstimmende Werkstoffnummer schrittweise von rechts bis Datensätze mit dieser allgemeiner spezifizierten Werkstoffnummer gefunden werden. Dieses Verfahren stützt sich auf die Tatsache, daß mit zunehmender Position der Stoffziffern in der Werkstoffnummer die Aussagekraft bezüglich der wichtigsten Werkstoffeigenschaften geringer wird. Solange es bei der relativ jungen Lasertechnologie keine Ähnlichkeitsklassen für die Werkstoffe gibt, wie sie beispielsweise für das Drehen erarbeitet wurden, stellt dies eine sinnvolle Kategorisierung dar.

In der zweiten Auswahlstufe werden aus allen nach Werkstoffnummer und -dicke ausgesuchten Datensätzen diejenigen herausgefiltert, die den eingegebenen Anforderungen bezüglich Laserschneidart und Optimierungskriterium gerecht werden. Die Qualität eines Datensatzes wird mit einer eigenen Routine aus den Ergebniswerten des Datensatzes berechnet. Wird kein Datensatz mit der erforderlichen Qualität gefunden, so wird die erforderliche Qualität jeweils erniedrigt und ein neuer Suchlauf gestartet, bis passende Datensätze vorhanden sind.

In der dritten und letzten Stufe durchsucht CutOpt die gefundenen Datensätze nach den Werkstoffdicken. Diese Stufe ist nur für den Fall interessant, daß mehrere

Datensätze mit exakt der in der Problemspezifikation geforderten Dicke gefunden wurden. Aus diesen Datensätzen wird derjenige ausgesucht, der die höchste Relevanz und die geringste Leistungsdifferenz zur gewählten Laseranlage aufweist. Aus den Werten von Leistung und Schnittgeschwindigkeit dieses Satzes werden, wie im folgenden Abschnitt beschrieben, über die Streckenenergie die empfohlene Laserleistung und Schnittgeschwindigkeit berechnet.

5.2.3.2 Approximation

Ist unter den ausgewählten Datensätzen keiner mit der geforderten Dicke vorhanden, führt CutOpt einen Approximationslauf durch, das heißt, empfohlene Schnittgeschwindigkeit und Laserleistung werden aus vorhandenen Datensätzen angenähert. Für den Fall, daß die geforderte Werkstoffdicke den Bereich über- bzw. unterschreitet, in dem die Dicken der herausgefilterten Datensätze liegen, ist eine interaktive Eingriffsmöglichkeit vorgesehen: Der Anwender kann entscheiden, ob auf Basis der gefundenen Datensätzen extrapoliert oder ob ein erneuter Suchlauf gestartet werden soll. In bestimmten Fällen kann es nämlich günstiger sein, wenn die gültige Stoffziffernzahl nochmals schrittweise reduziert wird und dann der vorhandene Werkstoffdickenbereich die geforderte Dicke umfaßt, so daß statt einer Extrapolation eine aussagekräftigere Interpolation möglich wird.

Aus den Werten der ausgewählten Datensätze wird zunächst ein zweidimensionales Approximationsfeld aufgebaut, in dem die aus Leistung und Geschwindigkeit berechnete Streckenenergie über der Werkstoffdicke aufgetragen wird. Je nach geforderter und vorhandener Dicken handelt es sich um eine Inter- oder Extrapolation. Aufgrund empirischer Auswertungen wurde folgende prinzipielle Abhängigkeit der Streckenenergie E von der Schnittiefe a festgelegt:

$$E(a) = \varepsilon \cdot a \cdot e^{\gamma \cdot a} \tag{5.1}$$

ε und γ stellen Koeffizienten dar, die bei der Approximation bestimmt werden.

5.2.3.3 Berechnung der empfohlenen Parameter

Aus den durch Approximation erhaltenen Werten berechnet CutOpt die empfohlene Schnittgeschwindigkeit und Laserleistung. Dabei wird möglichst die maximale Leistung oder die maximale Vorschubgeschwindigkeit der Laserschneideanlage eingesetzt. Bei der Ermittlung der empfohlenen Laserleistung P_{empf} strebt CutOpt zunächst an, die zur Verfügung stehende Anlageleistung P_{max} voll auszunützen.

$$P_{empf} = P_{max}$$

Aus der Approximation ist die erforderliche Streckenenergie E bekannt, um einen Werkstoff bestimmter Dicke optimal zu schneiden. Somit kann über die Beziehung

$$v_{empf} = \frac{P_{max}}{E}$$

mit   Laserleistung P in kW

      Streckenenergie E in kJ/m

      Vorschubgeschwindigkeit v in m/min

die empfohlene Schnittgeschwindigkeit v_{empf} berechnet werden. Sollte diese über der maximal Vorschubgeschwindigkeit v_{max} liegen, so wird empfohlen, mit maximaler Geschwindigkeit zu schneiden:

$$v_{empf} = v_{max}$$

Die erforderliche (reduzierte) Laserleistung berechnet sich dann zu

$$P_{erf} = E \cdot v_{max}.$$

Zur Veranschaulichung stellt CutOpt eine graphisch aufbereitete Darstellung der approximierenden Inter-/Extrapolation zur Verfügung. Die Graphik wird allerdings nicht von CutOpt selbst sondern über ein kommerzielles Grafikprogramm wie beispielsweise GEM-GRAPH von Digital Research aufgebaut. Auf der x-Achse ist die Werkstoffdicke in mm und auf der y-Achse die Streckenenergie in kJ/m aufgetragen. Es sind die Versuchsdaten und die von CutOpt errechnete Approximationskurve für das Laserschneiden von Baustahl dargestellt (Bild 5.9). Daß die exponentiell e Approximationsrechnung auch für das Laserschneiden von Edelstahl angebracht ist, zeigt Bild 5.10. Zum Vergleich sind zwei lineare Interpolationen eingezeichnet. Man erkennt, daß diese im besonders interessanten Bereich der kleinen Blechdicken zu hohe Werte liefern.

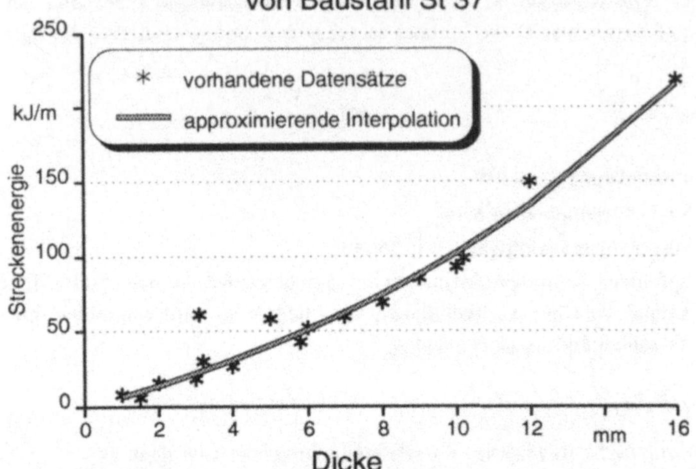

Bild 5.9:   *Interpolation der benötigten Streckenenergie in Abhängigkeit von der Werkstückdicke*

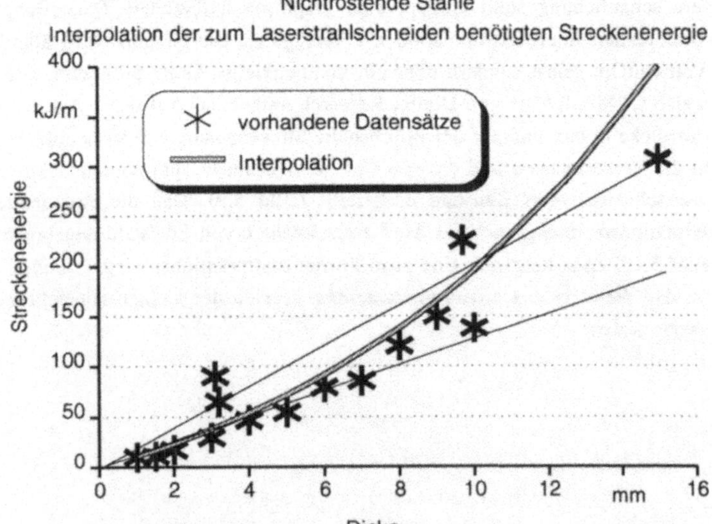

Bild 5.10:   *Interpolationskurve für das Schneiden von Edelstahl mit zwei linearen Ausgleichsgeraden zum Vergleich*

6 Experimentelle Untersuchungen an Prototypen

Bislang gelangten für die räumliche Laserbearbeitung fast ausschließlich Sondermaschinen zum Einsatz. Erste Ansätze für den Einsatz von Standard-Industrierobotern finden sich zwar beispielsweise in [SCHR 89] und [WAHL 90], doch sind noch wenig Leistungsdaten solcher Anlagen bekannt. Um einen Eindruck von den Einsatzmöglichkeiten und -grenzen solcher Anlagen zu vermitteln, werden im folgenden charakteristische Beispiele herausgegriffen. Die eigenen Untersuchungen sollen zur Klärung der Frage beitragen, wo diese vergleichsweise kostengünstigen Geräte zur Laserbearbeitung eingesetzt werden können. Ein Untersuchungsschwerpunkt war, inwieweit die Prozeßflexibilität des Lasers in ein und derselben Anlage zum Schweißen und Schneiden umgesetzt werden kann. Für die Kombination mit Industrierobotern finden die zwei wichtigsten Lasertypen, der CO_2- und der Nd:YAG-Laser, Berücksichtigung. Es wurden zwei Prototypanlagen, die im folgenden beschrieben sind, aufgebaut und Experimente damit durchgeführt. Den Untersuchungen mit Knickarmrobotern ist eine dynamische Untersuchungsmethode an einem Laser-Portalroboter gegenübergestellt, mit deren Hilfe sich die ohnehin hohe Bearbeitungsgenauigkeit noch weiter verbessern läßt.

6.1 CO$_2$-Laserroboter

6.1.1 Anlagenbeschreibung

Laserroboter weisen i. allg. sehr hohe Investitionskosten und daher entsprechend hohe Maschinensätze auf. Um diese Problematik zu entschärfen, wurde eine flexibel einsetzbare 6-Achs-Laserbearbeitungszelle auf Basis eines Industrieroboters konzipiert und als Prototypanlage aufgebaut. Ein hochfrequent angeregter CO_2-Laser mit axialer Längsströmung bietet mit seiner Ausgangsleistung von 5 kW beste Voraussetzungen zum Schweißen und Oberflächenbehandeln und aufgrund seiner Strahlqualität außerdem die Möglichkeit zu schneiden. Dadurch kann bei im Vergleich zu Sondermaschinen günstigen Investitionskosten ein hohes Maß ein Einsatzflexibilität hinsichtlich des Prozesses und der geometrischen Vielfalt der Werkstücke erreicht werden. Die Strahlqualität wurde durch die im folgenden beschriebenen Messungen belegt. Bei einem Knickarm-Industrieroboter müssen gegenüber einem Laserportal Einschränkungen hinsichtlich der Genauigkeit in Kauf genommen werden. Inwieweit

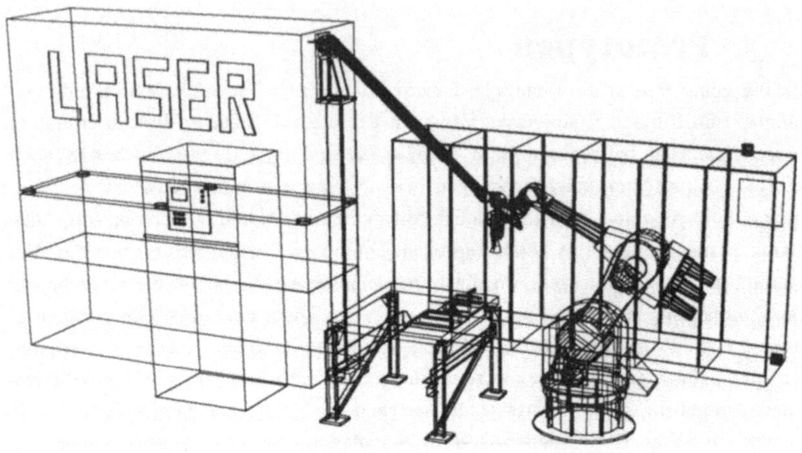

Bild 6.1:   Ansicht des CO_2-Laserroboters im Versuchsfeld des iwb

ein Industrieroboter die gestellten Anforderungen dennoch erfüllt, wird u. a. anhand dynamischer Untersuchungen an der iwb-Anlage analysiert.

Die Anlage (Bild 6.1) besteht insgesamt aus folgenden Komponenten:

- KUKA Industrieroboter IR 161/25 (200 mm Armverlängerung und 25 kg Traglast) mit Siemens RCM 3 Robotersteuerung.

- Trumpf Laser TLF 5000 mit einem einstellbaren Leistungsbereich (gemessen am Werkstück) von 50 bis 5000 Watt, bei Pulsfrequenzen von 100 Hz bis 10 kHz.

- Kühlaggregat für TLF 5000 (max. Kühlleistung 195 kW).

- Strahlführungssystem Zeiss SFS 06-ST (Teleskopausführung mit 5 wassergekühlten Umlenkspiegeln und einem max. nutzbaren Auszug von 800 mm).

- Laserbearbeitungskopf Zeiss LBKFP2 (152,3 oder 300 mm Brennweite).

- Schneid- und Schweißdüsen zur koaxialen und ringspaltförmigen Gaszufuhr.

- Stützrahmen und Schutzwände.

Insgesamt sind in der CO_2-Laseranlage zur Strahlführung und Strahlformung 9 Spiegel eingesetzt: 2 Spiegel zur Umwandlung des linear- in einen zirkular-polarisierten Strahl, 5 Spiegel im Strahlführungssystem, 2 Spiegel und ein Zinkselenidfenster im Bearbeitungskopf. Die gemessenen Verluste bei der Strahlübertragung betragen insgesamt 15 % und liegen damit in der gleichen Größenordnung wie bei Portalrobotern. Basierend auf einem Anlagenlayout, das mit den Hilfsmitteln der rechnerischen Simulation optimiert ist, ist die Bearbeitung komplexer räumlicher Werkstücke möglich.

6.1.2   Schnittstelle Laser-Robotersteuerung

Für die Verknüpfung von Lasern mit Roboter- bzw. Werkzeugmaschinensteuerungen existieren noch keine standardisierten Schnittstellen über Feldbussysteme o.ä.. Daher muß die Verknüpfung individuell, i. allg. über 24 V bzw. analoge Signalleitungen gelöst werden.

Beim Laser Trumpf TLF 5000 bestehen verschiedene Möglichkeiten, Leistung und Pulsfrequenz einzustellen. Die Lasersteuerung wird von der Robotersteuerung über analoge und digitale Ausgänge angesprochen. Dabei werden einfache Schaltvorgänge, wie z.B. 'Shutter auf/zu', von digitalen Ausgängen gesteuert. Frequenz und Laserleistung können durch Leistungszyklen, durch Direkteingabe am Laserbedienfeld, als BCD-Zahl (binary coded decimal) über eine Parallelverbindung oder als Analogsignal vorgegeben werden. Bei der Laserleistungssteuerung über Leistungszyklen lassen sich Anfahr- und Abschaltrampen definieren. Bei Direkteingabe und BCD-Übergabe bleiben Frequenz und Leistung vom Anschalten bis zum Abschalten des Laserstrahls konstant. Über einen Analogkanal besteht die Möglichkeit, die Laserleistung in Abhängigkeit von der Bahngeschwindigkeit des Roboters zu steuern. Diese Option ist für eine optimale 3D-Bearbeitung unerläßlich, da auch bei wechselnder Bearbeitungsgeschwindigkeit die eingebrachte Streckenenergie annähernd gleich bleiben soll. Die an der vorhandenen Anlage mit der geschwindigkeitsabhängigen Lasersteuerung gemachten Erfahrungen zeigten, daß diese Methode allein nicht ausreicht, um kompliziertere Konturen an dreidimensionalen Bauteilen durchgängig zu schweißen. Bei größeren Variationen genügt es nicht mehr, nur die Laserleistung proportional zur Bahngeschwindigkeit zu regeln, sondern es muß auch bei Abnahme der Bahngeschwindigkeit die Pulsfrequenz gesenkt werden. Die Lasersteuerung sieht dazu einen weiteren Analogeingang vor. Die Laserleistung kann auch entsprechend einem zuvor definierten Leistungszyklus gewählt werden. Ein- und Ausschaltrampen ermöglichen die Anpassung der Laserleistung an Beschleunigungsvorgänge. Da die genaue Dauer des Bearbeitungsvorgangs im allgemeinen nur schwer im voraus bestimmt werden kann, ist es meist sinnvoller, die Ausschaltrampe durch Setzen eines Ausgangs zu starten.

6.1.3   Auslegung der Arbeitsgasleitung

Für die Auslegung peripherer Komponenten wie beispielsweise der Arbeitsgasleitung gibt es in der Literatur bislang kaum Hinweise. Wie aber schon in Kap. 4.1.2 betont wurde, ist die Gasversorgung wichtig für das Funktionieren und die Zuverlässigkeit einer Laserbearbeitungsanlage. Daher ist im folgenden eine strömungsmechanische Auslegungsberechnung aufgezeigt, die sich am Beispiel der installierten Laserroboterzelle orientiert. Die Gasleitung selbst wird dazu idealisiert (Bild 6.2).

Innere Reibungsverluste treten in der Zuleitung (Länge $l = 5$ m), im Druckregelventil sowie in den Krümmungen der Leitung auf. Im Schneidkopf verliert das Gas seine kinetische Energie vollständig, so daß dort in dem Volumen zwischen Schutzfenster und Austrittsdüse ein quasistatischer Kesseldruck $p_k = p_{stat}$ herrscht. Am Düsenaustritt entsteht nochmals ein schwer abzuschätzender Verlust.

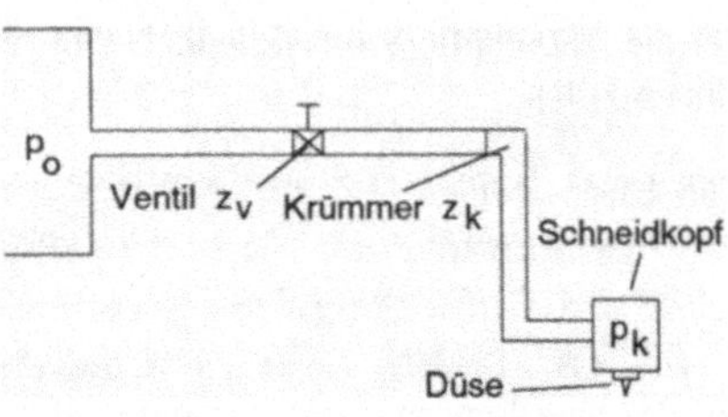

Bild 6.2:   Idealisierte Arbeitsgasleitung

Die Berechnung der Reynoldszahl ergibt zunächst Aufschluß, ob die Strömung turbulent verläuft:

$$Re = \bar{w} \cdot D/\nu \tag{6.1}$$

$\bar{w}$: mittlere Strömungsgeschwindigkeit

D: Durchmesser der Gasleitung

ν: kinematische Viskosität

mit

$$\bar{w} = \dot{V}/A = 14{,}7 \ m/s$$

$\dot{V}$: Gasstrom

A: Querschnittsfläche der Gasleitung

ergibt sich

$$Re = 5895 > Re_{krit} = 2300$$

Damit ist die Strömung turbulent. Der Geschwindigkeitsausgleichsfaktor α für turbulente Strömung beträgt 1. Die *Bernoulligleichung* vom Ausgangsdruck zum Druck im Schneidkopf lautet:

$$p_0 = \alpha \cdot \rho/2 \cdot \overline{w}^2 + \rho/2 \cdot \overline{w}^2 \cdot \left(\lambda_s \cdot \frac{l}{D} + \zeta_E + \zeta_V + \zeta_K \right) + p_k \tag{6.2}$$

wobei

$p_0 = 5 \cdot 10^5$ Pa (Druck an der Gasarmatur)

$\rho = 7$ kg/m^3 (Sauerstoff bei 0° C und $5 \cdot 10^5$ Pa)

$\lambda_s = \dfrac{0{,}3164}{\sqrt[4]{Re}} = 0{,}036$ (Rohrreibunggsszahl)

$D = 6$ mm (Durchmesser der Gasleitung)

$k \le 0{,}002$ mm (Rauheit der Leitung)

$k/D = 0{,}3 \cdot 10^{-3}$ (hydraulisch glatt)

$\zeta_E = 0{,}018$ (Verlustbeiwert des Einlaß)

$\zeta_V \approx 0{,}001$ (Verlustbeiwert des Ventils, geschätzt)

mit einem Krümmungsradius von 10 mm ergibt sich:
$\zeta_K = 0{,}2$ (Verlustbeiwert des Krümmers)

Setzt man die Zahlenwerte ein, so erkennt man, daß die Hauptverluste durch die Rohrreibung entstehen. Damit kann für Überschlagsrechnungen Gl. 6.2 vereinfacht werden zu:

$$p_0 - p_k = \rho/2 \cdot \overline{w}^2 \cdot \lambda_s \cdot \frac{l}{D} \tag{6.3}$$

Der Druck im Schneidkopf beträgt demnach

$p_k = 4{,}5 \cdot 10^5$ Pa

Das bedeutet einen Totaldruckverlust von 10 %. Beim Hochdruck-Inertgasschneiden oder bei großen Leitungslängen kann der Druckverlust, der annähernd linear vom Druck und von der Leitungslänge abhängt, erheblich werden. Hier ist für einen ausreichenden Rohrquerschnitt zu sorgen.

6.1.4 Strahlanalyse am Laser Trumpf TLF 5000

Von grundsätzlicher Bedeutung für die Einsatzmöglichkeiten eines Bearbeitungslasers ist die Kenntnis der Intensitätsverteilung seines Strahls und die maximal erreichbare Intensität im Fokus der Bearbeitungseinheit. Daher wurde der Laserroboter einer Strahlanalyse unterworfen.

Das verwendete Strahlanalysegerät UFF 100 (s. Kap. 4.4.3) bietet die Möglichkeit, die Auswertung der Meßdaten in verschiedenen Darstellarten vorzunehmen. Bei der isometrischen Darstellung wird die Intensitätsverteilung dreidimensional abgebildet. Diese Art der Projektion liefert ein anschauliches Bild, wenn auch keine Zahlenwerte wie die anderen Darstellarten (Bild 6.3). Dagegen werden bei der Falschfarbendarstellung neben einem Bild auch konkrete Daten, wie z.B. Strahlfläche, maximale Intensität usw., ausgegeben. Für die praktische Arbeit haben sich die Darstellarten *Höhenlinien* und *Kombination* als am besten geeignet erwiesen. Bei der Darstellart *Höhenlinien* werden diejenigen Meßpunkte der Intensitätsverteilung dargestellt, deren Summe jeweils einen bestimmten Anteil der Strahlleistung ergibt. Bei der Kombinationsdarstellung wird ein Höhenlinienbild und zwei jeweils zur x- bzw. y-Achse parallele Schnitte durch die Intensitätsverteilung abgebildet.

Da der Laserstrahl seitlich nicht scharf begrenzt ist, muß sein Durchmesser per Definition festgelegt werden, wofür es verschiedene Ansätze gibt. Das Auswerte-

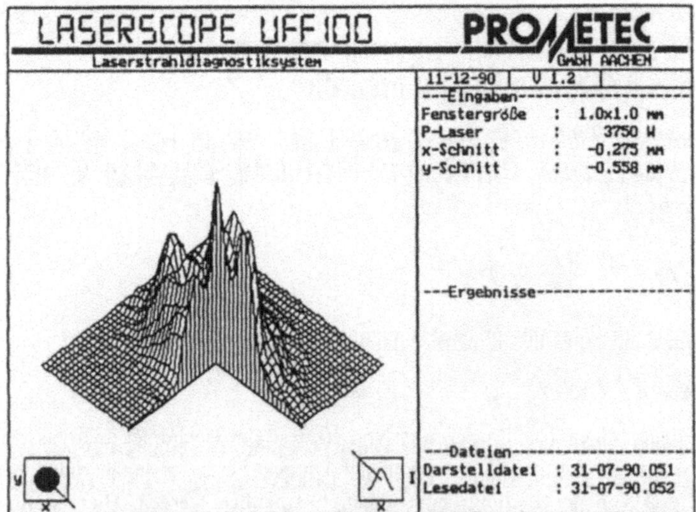

Bild 6.3:   Isometrische Darstellung der Intensitätsverteilung (aufgeschnitten), Trumpf TLF 5000, 150 mm Brennweite, 3750 W, leicht defokussiert.

programm des Laserscope UFF 100 und auch diese Auswertungen verwenden die im Merkblatt DVS 3203 festgelegte Definition:

Als Bewertungsgröße für den Fokusdurchmesser, sowie für den Strahl-durchmesser an einem beliebigen Ort, wird die Strahlquerschnitts-fläche verwendet, in welcher 86 % (1 - 1/e^2 = 0,86) der Strahlleistung enthalten sind.

Der Strahlradius wird bestimmt, indem die Fläche, die 86 % der Strahlleistung beinhaltet, als Kreis angenommen wird. Diese Größe ist dann sinnvoll, wenn der Strahl rotationssymmetrisch ist und in der 86 % Höhenliniendarstellung keine 'weißen Flecken' auftreten.

Bei den durchgeführten Strahluntersuchungen mußte ein astigmatischer Fehler festgestellt werden, der vermutlich auf Spiegeldejustierung zurückzuführen ist. Kennzeichen des Astigmatismus ist im allgemeinen ein elliptischer Strahlverlauf. Zur Auswertung derartiger Flächen ist das Laserscope UFF 100 nur bedingt geeignet. Um nämlich die x- und y-Halbachsen zu bestimmen, muß zuerst die Kombinationsdarstellung ausgedruckt, dann hieraus das gewünschte Maß per Hand gemessen und anschließend umgerechnet werden.

Eine genaue Messung der Strahlintensität setzt voraus, daß die Laserleistung exakt senkrecht in die Meßnadelbohrung einfällt. Diese Bedingung ist im unfokussierten Strahl und im Fokus erfüllt, da hier die Laserstrahlung achsenparallel über den gesamten Strahlquerschnitt verläuft. Bei der Diagnostik im defokussierten Bereich der Optik kommt es zwangsläufig zu einem schrägen Einfall der randnahen Strahlanteile. Der Fehler kann verringert werden, indem man eine Meßnadel mit möglichst

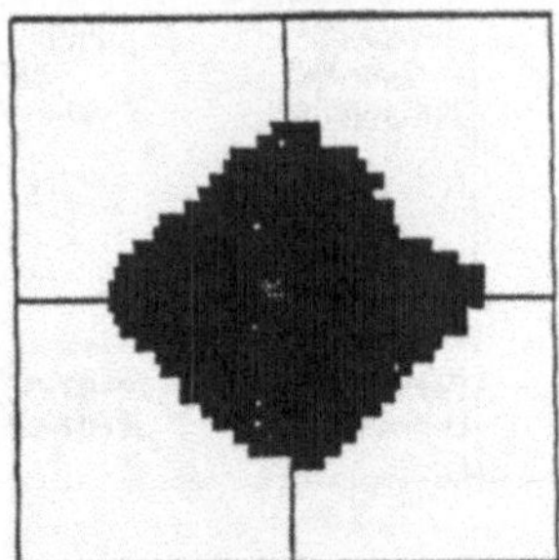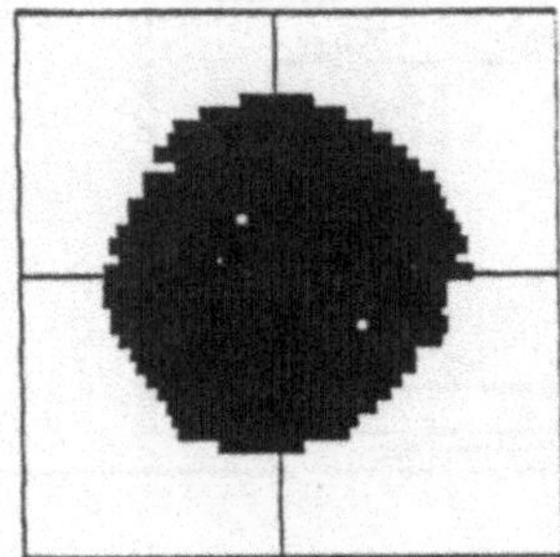

Bild 6.4:   Einfluß des Divergenzwinkels auf Messungen im defokussierten Bereich: links 150 mm, rechts 300 mm Brennweite.

kleinem Bohrungsdurchmesser einsetzt. Ein großer Strahldivergenzwinkel kann Einfluß auf die detektierte Strahlform haben. Die unerwartete Rautenform des in Bild 6.4 dargestellten Strahlquerschnitts resultiert aus dem schrägen Einfall der randnahen Strahlteile. Dreht man das Strahlanalysegerät, um z.B. 45°, so dreht sich auch die Raute, und man erhält eine ähnliche Aufnahme. Die dargestellte Messung wurde bei einem Parabolfokussierspiegel (152,3 mm Schnittweite) in ca. 300 mm Abstand von der Spiegeloberfläche aufgenommen. Bei einem Parabolspiegel mit 300 mm Schnittweite war diese Erscheinung in einer Entfernung, die ebenfalls der doppelten Brennweite entsprach, nur in sehr abgeschwächter Form zu beobachten. Grund hierfür ist der nur halb so große Divergenzwinkel.

Bei den gemessenen Größen treten Schwankungen auf. So schwankt die Strahlfläche bei 10 Messungen unter konstanten Bedingungen um bis zu ±8,5 % und die maximale Intensität variiert gar um bis zu ±15 %. Die Ursachen hierfür können mechanischen Instabilitäten, Relaxationsvorgänge des Laserprozesses Plasmaschwankungen [VDI 90] oder das Auftreten von Nebenmaxima sein.

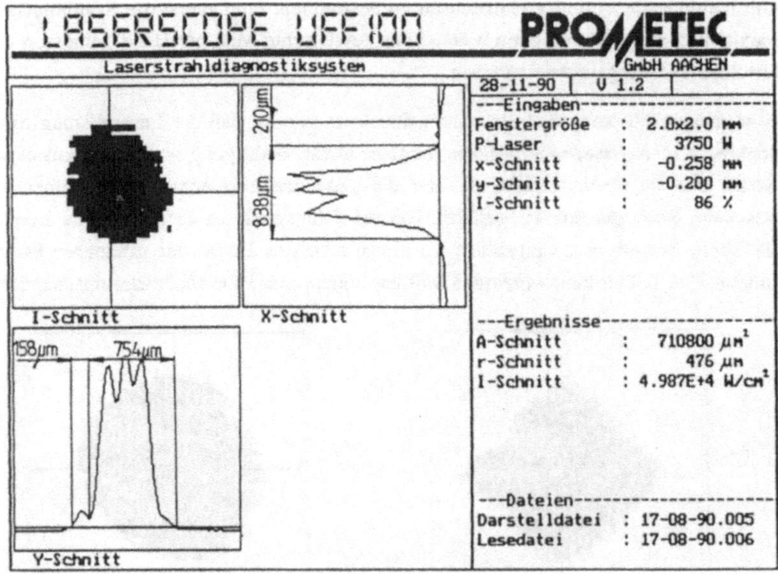

Bild 6.5:   Bestimmt man die Strahlkaustik bei 86 % dargestellter Leistung, so kann es durch Nebenmaxima zu Verfälschungen kommen (Trumpf TLF 5000, 300 mm Brennweite)

Es wurden auch einige Messungen an einem anderen hochfrequent angeregten CO_2-Laser derselben Leistungsklasse durchgeführt. Dabei fiel die Schwankungsbreite der gemessenen Strahlfläche mit lediglich $\pm 2,3$ % und die der maximalen Intensität mit ± 10 % deutlich geringer aus als bei dem untersuchten Laser am iwb.

Zusätzliche Ungenauigkeiten treten durch die manuelle Bestimmung der Halbachsenlängen bei elliptischem Strahlquerschnitt auf. Wie Bild 6.5 zeigt, sind die Höhenschnitte bei 86 % oft durch Nebenmaxima geringer Intensität vergrößert und dadurch hohen Schwankungen unterworfen. Es ist daher zweckmäßig, die Strahlquerschnittsfläche bzw. die Halbachsenlängen bei höheren Intensitäten zu bestimmen. Dazu wird die Intensitätsverteilung nicht mehr in dem Querschnitt betrachtet, der 86 % der Laserleistung abbildet, sondern in einer Schnittebene, in welcher die Randlinie eine bestimmte konstante Intensität darstellt.

6.1.5 Bestimmung der Fokuslage

'Der Fokuspunkt ist der Ort (Fokuslage), an dem der Strahl die kleinste Strahlquerschnittsfläche hat' [Merkblatt DVS 3203]. Die genaue Kenntnis der Fokuslage ist besonders beim Schneiden wichtig. Nur bei exakter Einstellung der Lage des Fokuspunktes zur Werkstückoberfläche kann man eine gute Schnittqualität erhalten. Aber auch beim Schweißen und bei anderen Bearbeitungsverfahren muß die Fokuslage bekannt sein. Zur Bestimmung der Fokuslage stehen verschiedene Verfahren zur Verfügung:

a) Lichtbogenverfahren
Dabei wird die Bearbeitungsoptik über ein schräg angebrachtes Blech geführt. Bei zugeschaltetem Laser entwickelt sich ab einem bestimmten Abstand ein Lichtbogen. Er erlischt, wenn das Blech sehr nahe an der Düse liegt. Zwischen Beginn und Ende des Lichtbogens liegt der optimale Abstand, den die Düse zum Blech haben muß. Dieses Verfahren ist sehr ungenau.

b) Einbrennverfahren
Beim Einbrennverfahren wird ein Sperrholzbrett leicht geneigt bei stark reduzierter Leistung entlang der Düsenunterkante durch den Laserstrahl gezogen. Die Brettneigung und die Tiefenschärfe bedingen gewisse Ungenauigkeiten. Eine eventuelle Leistungsabhängigkeit der Fokuslage kann nicht erfaßt werden.

c) Bestimmung der Kaustik mittels Strahlanalysegerät
Bei dieser Methode ermittelt man die Fokuslage durch Messung der Intensitätsverteilung in verschiedenen Ebenen des Laserstrahls. Die Position des Strahlanalysegerätes wird schrittweise in Richtung Strahlachse verändert. Bei den durchgeführten

Messungen betrug die Schrittweite 1 mm bei 300 mm Brennweite und 0,5 mm bei 150 mm Brennweite. Dies reicht zu einer groben Bestimmung der Fokuslage aus.

Bild 6.6 stellt die Strahlfläche in Abhängigkeit vom Abstand Optikunterkante-Meßebene bei Verwendung des 300 mm Parabolspiegels dar. Vergleicht man die bei $1*1$ mm^2 Fenstergröße ermittelten Meßwerte mit denen bei $2*2$ mm^2 und konstanter Leistung von 3750 W, so zeigt sich eine Verringerung der gemessenen Strahlflächen mit abnehmender Meßfenstergröße. Die Messungen bei $1*1$ mm^2 sind genauer, doch füllt der Strahl das Meßfenster rasch aus, so daß mit dem kleineren Fenster die Strahlkaustik nur über einen sehr engen Bereich aufgenommen werden kann. Der ebenfalls in Bild 6.6 eingezeichnete Strahlflächenverlauf bei 5000 W zeigt eine Zunahme der Strahlfläche des fokussierten Strahls mit ansteigender Leistung. Dies bedeutet eine Abnahme der Strahlfläche des unfokussierten Strahls (Rohstrahl) mit steigender Leistung und deckt sich mit den in [CLEE 87] beschriebenen Beobachtungen. Ursache dafür sind thermische Veränderungen im Auskoppelfenster der Laserquelle. Aus den vorgenommenen Messungen folgt eine Entfernung Optikunterkante-Fokuspunkt (siehe Pfeil) von 220-221 mm ($\pm$1 mm). Wichtig ist, daß die Fokuslage auch bei unterschiedlicher Leistung stabil bleibt. Dies zeigt, daß der Fokussierspiegel innerhalb der Meßauflösung thermisch invariant bleibt und ausreichend gekühlt ist.

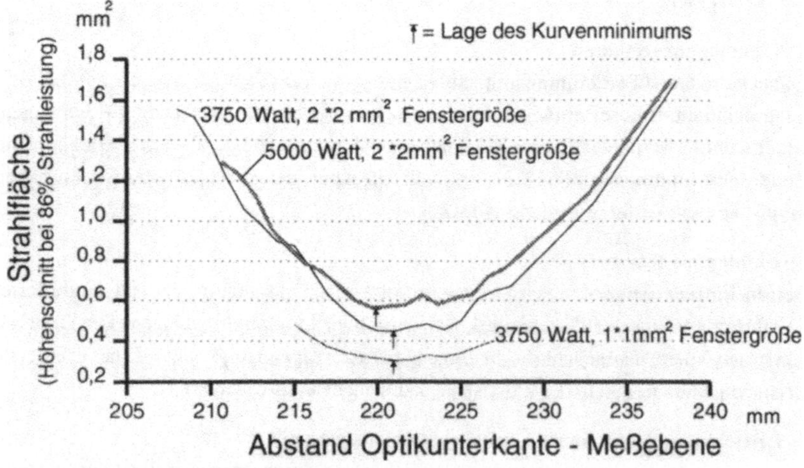

Bild 6.6:   Bestimmung der Fokuslage mittels Strahlanalysegerät (TLF 5000, 300 mm Brennweite)

Die Divergenz des fokussierten Strahls Θ_F stellt für Bearbeitungsprozesse, wie beispielsweise das Schneiden, eine wichtige Kenngröße dar. Θ_F kann aus dem Strahlradius r_0 auf dem Fokussierspiegel und dessen Brennweite f bestimmt werden:

$$\Theta_F = \arctan(r_0/f) \qquad (\approx r_0/f \text{ für } r_0/f \ll 1). \tag{6.4}$$

Der mittlere Rohstrahlradius r_0 wurde zu 13,5 mm bestimmt (Laserleistung 3750 W). Nimmt man den Umlenkspiegel als ideal eben an, so ist der Strahlradius auf dem Spiegel ebenfalls gleich 13,5 mm. Daraus folgt bei Einsetzen in Gl. 6.4:

für Brennnweite f = 152,3 mm:

$$\Theta_F = \text{arc tan } (r_0/f) = \text{arc tan } (13,5 \text{ mm} / 152,3 \text{ mm}) = 5,07°$$

für Brennnweite f = 300 mm:

$$\Theta_F = \text{arc tan } (13,5 \text{ mm}/300 \text{ mm}) = 2,58°.$$

Diese theoretischen Werte können mit gemessenen verglichen werden. Bei Messungen in 543 mm Abstand von der Optikunterkante ergab sich ein mittlerer Strahlradius von 13,1 mm. Nimmt man die Fokuslage bei 221 mm an (vgl. Bild 6.6), so folgt nach Bild 6.7 ein tatsächlicher Divergenzwinkel von 2,33° (für 300 mm Brennweite, 3750 W). Die Abweichung des errechneten (2,58°) vom tatsächlichen Divergenzwinkel (2,33°) hat verschiedene mögliche Ursachen:

- Meßungenauigkeiten bei der Bestimmung der Strahlradien und der Fokuslage

- Aus der astigmatischen Verzerrung resultierende Effekte.

- Abweichung der tatsächlichen Brennweite von der theoretischen Schnittweite

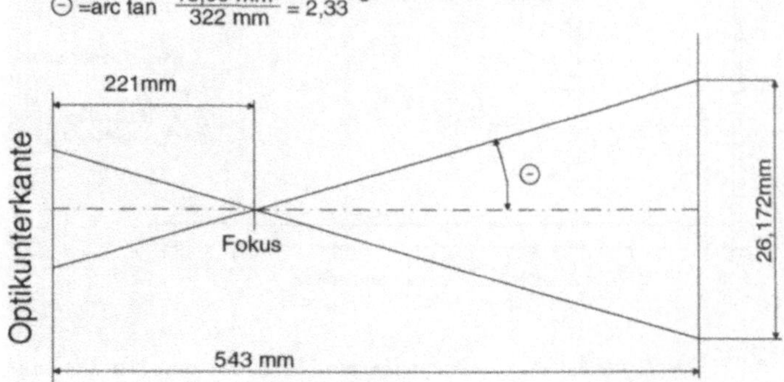

Bild 6.7:   Ermittlung der Strahldivergenz aus dem gemessenen Strahldurchmesser

Für einen TEM$_{10}$-CO$_2$-Laser mit einer Wellenlänge von 10,6 μm ergibt sich der Modenparameter b zu $\sqrt{3}$ und daraus folgt für den Qualitätsparameter q:

$$q = b^2 * \lambda/\pi = 3 \cdot 10,6 \ \mu m/3,14 = 10,1 \ \mu m.$$

Mit $q = \Theta_F \cdot r_f(0)$ läßt sich aus q und Θ_F der theoretische Fokusradius errechnen:

$$r_f(0) = 114,5 \ \mu m \text{ bei } 152,3 \text{ mm Brennweite und } 3750 \text{ W}$$

bzw. $r_f(0) = 225$ μm bei 300 mm Brennweite und 3750 W.

Der theoretisch errechnete Fokusradius muß wegen des vorliegenden Astigmatismus (vgl. Bild 6.8) mit den gemessenen Halbachsenlängen verglichen werden. Diese betragen 138 μm (X-Halbachse bei 150 mm Brennweite, 3750 W) bzw. 274 μm (X-Halbachse bei 300 mm Brennweite, 3750 W) und sind damit um ca. 20 % größer als die oben berechneten theoretischen Fokusradien.

Für den 300 mm Parabolspiegel wurde die Schärfentiefe z_{Rf} in Bild 6.9 ermittelt. Sie nimmt, wie zu erkennen ist, mit steigender Leistung (= zunehmender Fokusradius) zu. Berechnet man den Wert der Tiefenschärfe, so kommt man zu einem leicht abweichenden Ergebnis. Aus Gl. (4.12) ergibt sich durch Umformung:

$$z_{Rf} = r_f^{\ 2}(0)/q \tag{6.5}$$

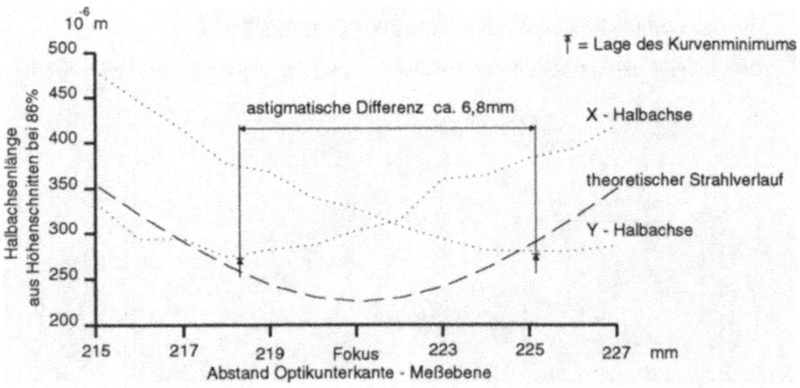

Bild 6.8:   Berechnete und experimentell ermittelte Strahlkaustiken. Die ungeglätteten Meßkurven sind punktiert eingetragen. (Trumpf TLF 5000, 300 mm Brennweite, 3750 W, 1•1 mm^2 Fenstergröße)

Mit q = 10,1 und r_f (0)= 225 µm (= berechneter theoretischer Fokusradius) folgt für die 300 mm Optik bei 3750 W:

$$z_{Rf} = (225 \ µm)^2 / \ 10,1 \ µm = 5 \ mm.$$

Die theoretische Schärfentiefe ist also kleiner als die tatsächlich ermittelte. Die Abweichung der berechneten 5 mm von den ermittelten 8,5 mm Rayleighlänge ist vorwiegend auf die astigmatische Verzerrung des Strahlquerschnitts zurückzuführen. Umgekehrt fällt der tatsächlich ermittelte Fokusradius größer aus als der berechnete.

Für den im Rahmen dieser Untersuchungen eingesetzten Laser Trumpf TLF 5000 ergibt sich die gemessene Strahlqualität Q^* folgendermaßen:

mit λ = 10,6 µm, z_{Rf} = 8,5 mm, r_f (0)= 311 µm folgt:

$$Q^* = \frac{\lambda \cdot z_{RF}}{\pi \cdot r_f^2 \ (0)} = 0,30 \tag{6.6}$$

Wäre der Strahlmode genau TEM$_{10}$, würde aus $b = \sqrt{3}$ folgen:

$$Q^* = 1/b^2 = 0,33 \tag{6.7}$$

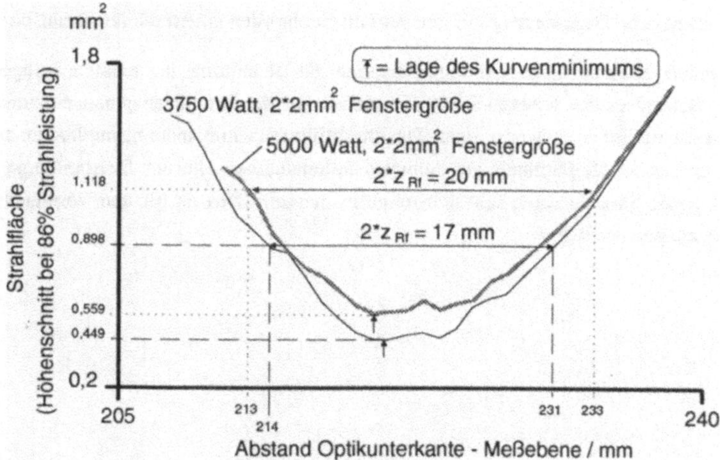

Bild 6.9: Ermittlung der Tiefenschärfe z_{rf} (TLF 5000, 3750 W, 300 mm Brennweite, Höhenschnitte bei 86 % der Strahlleistung)

Der sich aus Gl. 4.11 theoretisch ergebende Strahlverlauf (z_{Rf} = 5 mm, rf (0) = 225 µm) ist in Bild 6.8 neben den experimentell ermittelten Halbachsenlängen für die 300 mm Optik und 3750 W Laserleistung aufgetragen. Die astigmatische Differenz df, das ist der Abstand von Meridional- und Sagittalfokus, ergibt sich bei $1*1$ mm^2 Fenstergröße zu ca. 6,8 mm. Messungen bei 5000 W Laserleistung ergaben einen ähnlichen Wert von 6,9 mm. Mit einem größeren Meßfenster kann man zwar die Strahlkaustik über einen längeren Bereich aufnehmen, doch geht dies auf Kosten der Meßgenauigkeit.

Aus der astigmatischen Differenz läßt sich nach [GIES 88] der Dejustierwinkel $d\phi$ berechnen, der die Abweichung der Sollage von der Istlage des auf die Fokussieroptik einfallenden Strahls angibt:

$$df = |f_1 - f_2| = 2 \cdot s \cdot d\,\varphi \cdot \tan(\alpha) \cdot df \qquad (6.8)$$

s = Schnittweite = 300 mm

α = halber off-axis Winkel = 22,5° (Bild 4.8)

$d\phi$ = Dejustierwinkel = 27,4 mrad.

Der Hersteller gibt für das Strahlführungssystem SFS06-ST Winkelfehler aufgrund von statischen Durchbiegungen und Restungenauigkeiten bei der Justage von maximal ±1,16 mrad an. Der ermittelte Dejustierwinkel von 27,4 mrad bedeutet also eine erhebliche Dejustierung bei der Anflanschung oder innerhalb der Strahlführung.

Die durchgeführten Untersuchungen belegen die Bedeutung der exakten Spiegeljustage. Besonders bei Spiegel-Fokussieroptiken ist die Strahllage genau einzuhalten, um Astigmatismus zu vermeiden. Die durchführten Untersuchungsmethoden bieten eine geeignete Möglichkeit zur Schwachstellenanalyse. Die am Bearbeitungspunkt vorliegende Strahlqualität läßt sich objektiv messen. Dies ist für den Vergleich von Laseranlagen wichtig.

6.2   Robotergeführte Laserstrahlschnitte

6.2.1   Parameterbeschreibung beim Schneiden

Das Schneiden stellt derzeit das wichtigste Bearbeitungsverfahren nicht nur für ebene, sondern auch für räumliche Werkstücke dar. Der wichtigste Werkstoff ist Stahl. Die Qualität des Laserschnitts hängt von einer Vielzahl von Parametern ab, die folgendermaßen eingeteilt werden können:

Werkstückparameter:	Schnittiefe
	Wärmeleitfähigkeit
	spezifische Wärmekapazität
	Dichte
	Viskosität der Schmelze/Schlacke
	Reaktionsenthalpie
Fokussierung:	Brennweite
	Fokusradius
	Schärfentiefe
	Fokuslage
Gasstrom:	Düsenform
	Abstand Düse-Werkstück
	Strömungszustand am Austritt
	Gasart
	Gasreinheit
	Gasdruck
	maximale Gasgeschwindigkeit
	Gasdurchfluß

Einige Parameter sind bereits durch die Anlage vorgegeben und können nicht oder nur in Stufen verändert werden:

> Modenordnung
>
> Divergenz
>
> Polarisation
>
> Brennweite und damit Fokusradius und Schärfentiefe
>
> Düsenform

Im durchgeführten Untersuchungsprogramm wurden bei verschiedenen Werkstoffen Parameter variiert und durch Auswertung der Schnittergebnisse Arbeitspunkte festgelegt. Folgende Parameter sind hierfür relevant:

Laserleistung

Pulsfrequenz

Schnittgeschwindigkeit

Fokuslage

Düsenlage

Fokus- und Düsenlage zusammen

Gasart

Gasdruck

Bearbeitungswinkel

Dabei sind die Düsen- und Fokuslage sowie der Bearbeitungswinkel von besonderer Bedeutung für das 3D-Schneiden. Bei einer Umorientierung des Schneidkopfs läßt sich nämlich der optimale orthogonale Bearbeitungswinkel häufig nicht einhalten.

6.2.2   Optimierungsziele

Die Kombination der verwendeten Parameter beim Laserschneiden hängt nicht nur von den anlagen- und werkstoffspezifischen Vorgaben, sondern auch von den Zielvorgaben hinsichtlich des Schnittergebnisses ab, zwischen denen jeweils ein Kompromiß gefunden werden muß. So erfordert eine optimale Schnittqualität andere Parameter als ein möglichst schneller Schnitt. Einige Optimierungsziele sind nachfolgend aufgelistet:

- Gratfreiheit
- minimale Rauhtiefe
- minimale Abweichung von der Rechtwinkligkeit
- minimale Wärmeeinflußzone
- minimale Oxidschicht auf der Schnittfläche
- maximale / minimale Schnittgeschwindigkeit
- minimaler Gasverbrauch
- minimale Laserleistung
- minimaler Schnittspalt
- maximale Toleranz hinsichtlich der Düsenlage

In der im folgenden geschilderten Versuchsreihe wurden zunächst die Justageempfindlichkeit bezüglich der Schneidkopflage und anschließend Parameterkombinationen ermittelt, die entweder eine gute Qualität der Schnittfläche oder hohe Schnittgeschwindigkeiten gewährleisten. Die Variation des Schneidgasdrucks erfolgte in Schritten von 500 hPa bis zu einem Höchstdruck von 0,75 MPa, um das ZnSe-Schutzfenster im Fokussierkopf nicht zu gefährden. Die Lage des Schneidkopfs, d.h. die Lage von Fokus und Schneiddüse relativ zum Blech, wird im Roboterprogramm durch eine Änderung der Nullpunktkorrektur in Schritten von 0,1 mm eingestellt. Um ausschließlich die Fokuslage zu verändern, ist die Düse entsprechend nachzustellen. Die Schrittweite in der Einstellung der Pulsfrequenz beträgt 100 Hz. Die Schnittgeschwindigkeit kann stufenlos variiert werden.

Um Aussagen über die Güte der Schnitte zu erhalten, wurden die Schnittflächen anhand des Entwurfs von DIN 2310/5 bewertet. Kenngrößen hierfür sind die Rechtwinkligkeits- und Neigungstoleranz u sowie die gemittelte Rauhtiefe R_z im Abstand 2/3 der Schnittiefe von der Schnittoberkante. Als Meßgerät diente ein Perthometer mit Freitaster. Der Meßbereich betrug 100 µm, die Meßstrecke 15 mm. Als Grenzwellenlänge wurde $\lambda_{grenz} = 2{,}5$ mm gewählt, um die Bahnabweichung des Roboters zu eliminieren. Die Unebenheit u wurde mit einer Meßuhr ermittelt, deren Tastspitze einen Spitzenwinkel von 60° aufwies. Folgende Versuche bei 2 und 3 mm Blechdicke, die für die Laserrobotik von besonderer Bedeutung sind, werden anschließend mit ihren Resultaten genauer beschrieben:

2 mm

- Richtungsabhängigkeit der Bearbeitung (Versuch 1)

- Schnitt mit schräggestelltem Schneidkopf (Versuch 2)

- Stechender Schnitt (Versuch 3)

- Schleppender Schnitt (Versuch 4)

- Ermittlung der maximalen Geschwindigkeit in Abhängigkeit von der Laserleistung (Versuch 5)

3 mm:

- Ermittlung der jeweils erforderlichen Laserleistung zur Erreichung einer bestimmten Schnittgeschwindigkeit (Versuch 6)

6.2.3 Richtungsabhängigkeit der Bearbeitung (Versuch 1)

Besitzt ein Laserstrahl eine lineare Polarisation, so ist seine Eignung zum Laserschneiden stark richtungsabhängig. Parallel zur Polarisationsebene erhält man bessere Ergebnisse als senkrecht dazu. Schneidet man nicht parallel zur Polarisationsebene, verläuft die Schnittfuge schräg und die maximale Schnittgeschwindigkeit nimmt ab. Aus diesem Grund verwendet man zum robotergeführten Laserschneiden meistens einen zirkular polarisierten Strahl. Durch Spiegel, die reflexionserhöhende Beschichtungen aufweisen, kann die rein zirkulare Polarisation beeinträchtigt werden. Um

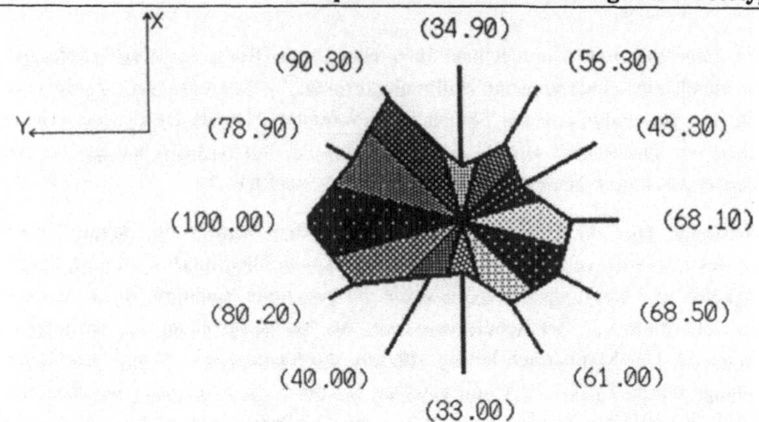

Bild 6.10:   Richtungsabhängigkeit der gemessenen Rautiefen u (Werte in µm)

dies zu überprüfen, wurden bei sonst gleichen Parametern Schnitte in jeweils um
30° verschiedenen Richtungen durchgeführt.

Parameter:
Leistung: 2,5 kW; Schneidgas: O_2 3.5; Druck: 0,5 MPa; Düse: Hochdruckdüse;
Schnittgeschwindigkeit: 2,5 m/min; Düsenabstand: 0,5 mm; Fokus: -0,7 mm

Die Auswertung der gemessenen Rauhtiefen ergibt eine richtungsabhängige Schnittqualität (Bild 6. 10). So sind in X-Richtung wesentlich bessere Schnitte zu erwarten
als in Y-Richtung. Die Rauhtiefen variieren hier um den Faktor 2 bis 3. Dies deutet
auf eine elliptische Polarisierung des Laserstrahls hin. Auffällig ist der große Unterschied zwischen den Rauhtiefen in positiver und negativer Y-Richtung. Der Grund
dafür könnte eine leichte Neigung des Bearbeitungskopfes relativ zur Werkstückoberfläche oder eine Exzentrizität von Laser- und Gasstrahl sein.

6.2.4   Einfluß der Düsenorientierung

Der Schneidkopf wurde bei diesen Versuchen aus der Oberlächennormalen geneigt,
um Orientierungsfehler bei der Bearbeitung räumlicher Werkstücke zu simulieren.

Parameter:
Schneidgas: O_2 3.5; Druck: 2,5 bar; Düse: Hochdruckdüse; Leistung: 2,5 kW;
Fokus: -0,6 mm: Düsenabstand: 0,4 mm; Material: St 1203; Schnittiefe: 2 mm;
Schnittgeschwindigkeit: 2 bzw. 4 m/min

Schnitt mit 2 m/min bei schräggestelltem Schneidkopf (Versuch 2)

Auffällig ist, daß die stärker abgetragene rechte Seite der Schnittfuge mit zunehmender Schrägstellung immer glatter wird. Aber auch an der linken Seite des Schnitts findet man keinen nennenswerten Zuwachs der Rauhtiefe (Bild 6.12), so daß man bei 3D-Bearbeitungen davon ausgehen kann, daß geringe seitliche Winkelabweichungen keinen negativen Einfluß auf die Oberflächengüte der Schnittfläche haben. Die Unebenheit wurde nicht gemessen, da hier die Schnittfuge selbst schräg verläuft. Bei der Festlegung der Schnittgeschwindigkeit für 3D-Schnitte ist aber zu beachten, daß im Falle einer Fehlorientierung des Schneidkopfes die effektive Schnittiefe ansteigt und die Schnittgeschwindigkeit entsprechend zu reduzieren ist.

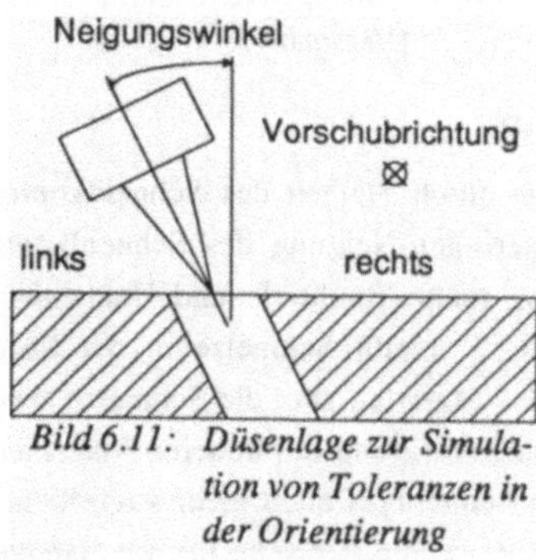

Bild 6.11: Düsenlage zur Simulation von Toleranzen in der Orientierung

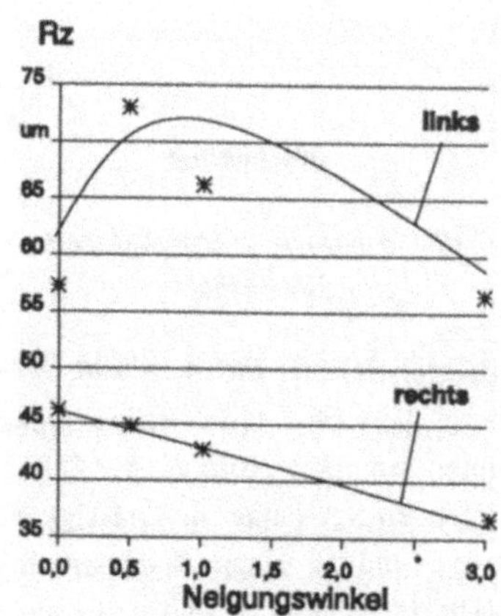

Bild 6.12: Rauhtiefe in Abhängigkeit vom Neigungswinkel

Stechender Schnitt mit 4 m/min (Versuch 3)

Bei diesem Versuch wurde die Schneiddüse gegen die Schnittrichtung geneigt. Die Neigung der Düse in Schnittrichtung hatte auf die Trennung nur wenig Einfluß.

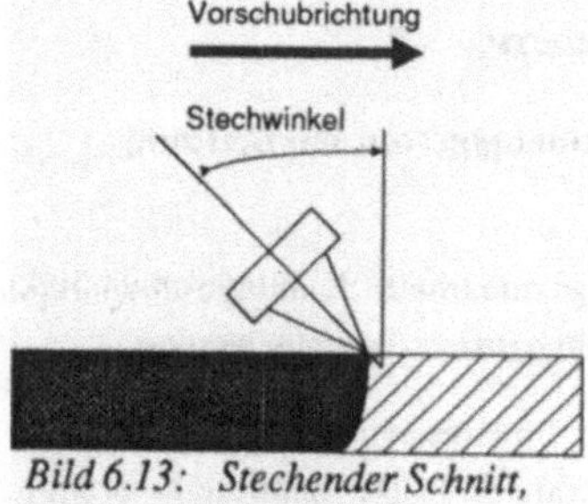

Bild 6.13: Stechender Schnitt, (Versuch 3)

Selbst bei einem relativ großen Winkel von 6° ergab sich nur ein leichter Bart an der Unterkante. Ein eindeutig negativer Einfluß konnte jedoch bei der Rauhtiefe festgestellt werden (Bild 6.13). Hier ergab sich bei 6° Neigung eine Rauhtiefe von 57,8 µm gegenüber 36,2 µm bei senkrecht stehendem Kopf. Bei der Unebenheit wurde durch den schräggestellten Kopf nur ein leichter, aber unwesentlicher Anstieg verzeichnet.

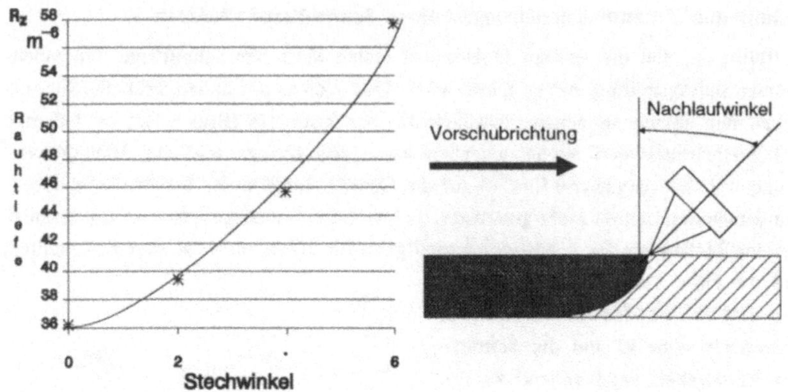

Bild 6.14:   Rauhtiefe in Abhängigkeit   Bild 6.15:   Schleppender Schnitt,
             vom Stechwinkel   (Versuch 4)

Schleppender Schnitt mit 4 m/min (Versuch 4)

Bei diesem Versuch wurden Orientierungsfehler durch Neigen des Schneidkopfes
nach hinten simuliert (Bild 6.15). Schon bei geringer Neigung des Schneidkopfs
nach hinten erfolgt keine zuverlässige Trennung mehr. Rauhtiefe und Unebenheit
nehmen zu, und ab einem Nachlaufwinkel von 2° bleibt Schmelze in der Fuge
zurück. Der Laserstrahl durchdringt zwar noch das Material, aber die Schmelze wird
vom Sauerstoff nicht mehr vollständig aufoxidiert. Aufgrund der höheren Viskosität
des metallischen Eisens kann die Schmelze vom Schneidgas nicht mehr ausgeblasen
werden und verschließt die Schnittfuge an der Unterkante. Ursache für die mangel-
hafte Oxidation des flüssigen Eisen ist das vermehrte Abfließen des Sauerstoffs
durch die Schnittfuge nach hinten und damit ein geringerer Sauerstoffpartialdruck
und ein geringerer Impulsübertrag vom Schneidgas auf den Fugenwerkstoff.

6.2.5   Variation von Prozeßparametern

**Ermitteln der maximalen Geschwindigkeit abhängig von der Leistung
(Versuch 5) 2 mm**

Hierbei wurde die zu jeder Leistung zugehörige maximale Schnittgeschwindigkeit
ermittelt. Die Probe sollte dabei vollständig und bartfrei getrennt werden.

Schneidgas: O_2 3.5; Druck: 5,0 bar; Lavaldüse; Pulsfrequenz: 5 kHz;
Fokus: -0,4 mm; Düsenabstand: 0,5 mm; Material: St 1203; Schnittiefe: 2 mm;

P_L: Laserleistung am Werkstück, v: Vorschubgeschwindigkeit, w_K: Schnittweite, R_z: Rauhtiefe, u: Unebenheit, Güteklasse nach DIN 2310/5.

P_L W	v m/min	Bart	w_K mm	R_z μm	u mm	Güte	Bemerkungen
1125	1,5	nein	0,35	120	0,08	-	sehr unregelmäßig
1400	2	nein	0,35	90	0,11	-	unbrauchbar *
1490	2	nein	0,30	75	0,08	-	unbrauchbar
1630	2	nein	0,30	69	0,10	-	-
1760	3	nein	0,30	55	0,08	II	-
2100	4	nein	0,30	55	0,09	II	glasig, Uk unsauber
2440	5	ja	0,30	60	0,10	II	glasig, Uk unsauber

* Eine Leistungssteigerung um 3 % ergibt ein deutlich besseres Ergebnis.

Schnitte über 5 m/min waren nur mit starker Bartbildung möglich. Auch Leistungssteigerungen am Laser oder eine Erhöhung des Schneidgasdruckes brachten keine Besserung. Ab 3 m/min ergibt sich ein linearer Zusammenhang von Schnittgeschwindigkeit und Laserleistung. Zufriedenstellende Schnittflächen werden erst ab einer Schnittgeschwindigkeit von 2 m/min erzielt. Bei darunterliegenden Geschwindigkeiten muß die Laserleistung so stark reduziert werden, daß die Strahlungsintensität

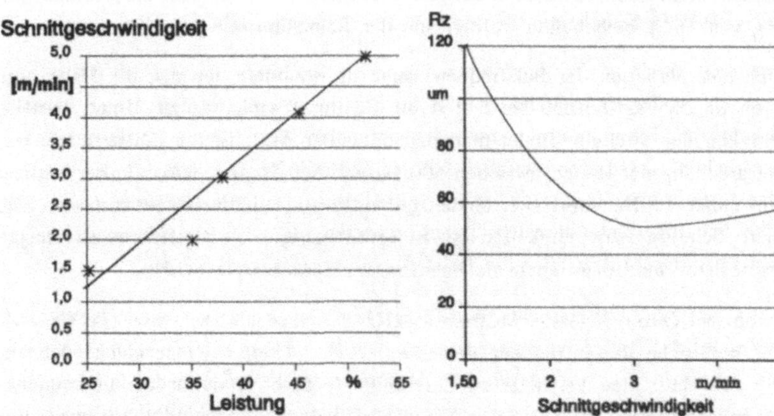

Bild 6.16: Erreichbare Schnittgeschwindigkeit in Abhängigkeit von der Laserleistung (100 % = 5000 W am Werkstück)   *Bild 6.17: Rauhtiefe in Abhängigkeit von der Schnittgeschwindigkeit*

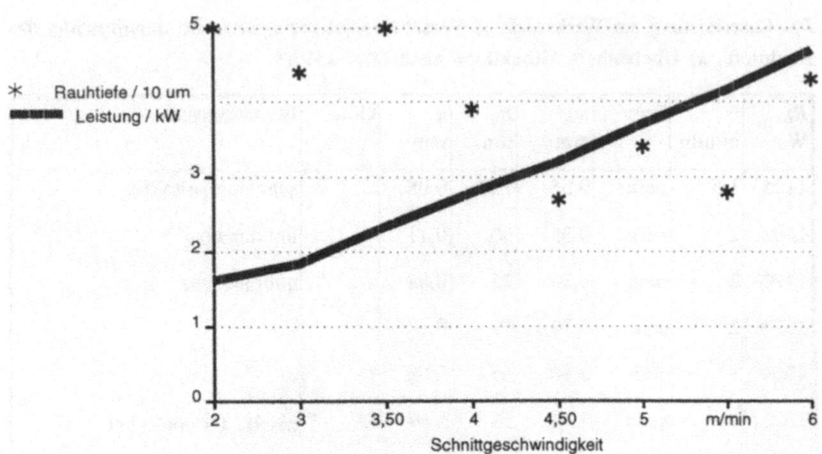

Bild 6.18:   Notwendige Laserleistung und erzielte Rauhtiefe bei vorgegebener Schnittgeschwindigkeit

zeitweise unter den zur Aufrechterhaltung des Schneidprozesses notwendigen Schwellwert fällt. Als minimale Schnittgeschwindigkeit bei 2 mm Schnittiefe sind deshalb 2 m/min anzunehmen. Die Rauhtiefe sinkt mit zunehmender Schnittgeschwindigkeit und besitzt bei 3 m/min ein schwach ausgeprägtes Minimum. Wird die Laserleistung abhängig von der momentanen Bahngeschwindigkeit des Roboters gesteuert, muß auch bei sehr niedrigen Schnittgeschwindigkeiten eine Mindestleistung von 35 % beibehalten werden, um den Schneidprozeß aufrechtzuerhalten.

Durch eine Variation der Pulsfrequenz kann die Rauhtiefe um fast die Hälfte von 55 µm im cw-Tast-Betrieb bei 5 kHz auf 36 µm gesenkt werden. Unter Berücksichtigung der Streuung findet man den optimalen Wert für die Pulsfrequenz zur Unterdrückung der Riefen zwischen 500 Hz und 600 Hz. Die Senkung der Pulsfrequenz unter 1 kHz wirkt sich tendenziell ungünstig auf die Unebenheit aus. Für höhere Schnittgeschwindigkeiten ist zu erwarten, daß die Riefenfrequenz steigt. Entsprechend muß dann auch die Pulsfrequenz heraufgesetzt werden.

Obwohl bei Quasi-Dauerstrichbetrieb (5 kHz) im Gegensatz zu Powell [POWE 86] keine natürliche Riefenfrequenz gemessen wurde, scheint es eine solche doch zu geben, da sonst eine Verringerung der Rauhtiefe durch Variation der Pulsfrequenz nicht möglich wäre. Die bei diesen Versuchen gefundene optimale Pulsfrequenz von ca. 500 Hz entspricht der von Powell gefundenen. Auch der Verlauf der Rauhtiefen über der Pulsfrequenz mit dem starken Anstieg der Rauhtiefe zu 100 Hz hin ist identisch mit Powells Ergebnissen.

Ermittlung der jeweils erforderlichen Laserleistung zur Erreichung einer bestimmten Schnittgeschwindigkeit (Versuch 6) 3 mm

Ziel dieser Versuchsreihe war es, mit ansonsten gleichen Parametern wie bei 2 mm Schnittiefe die Laserleistung jeweils optimal auszunützen, ohne an die Qualität der Schnitte besondere Ansprüche zu stellen. Bartfreiheit genügte.

Wieder ergibt sich ab 3 m/min ein linearer Zusammenhang von Schnittgeschwindigkeit und Laserleistung (Bild 6.18). Die erreichten Rauhtiefen lassen keine eindeutige Tendenz erkennen und liegen zwischen 27 und 50 µm.

Ermittlung der Arbeitspunkte für niedriglegierten Baustahl von 2 bis 20 mm Schnittiefe

Die angegebenen Parameter sind nur eine von vielen Kombinationsmöglichkeiten, die zu einem guten Schnitt führen. Sie wurden aus zahlreichen durchgeführten Versuchen, die weit über die oben geschilderten hinaus gingen, gewonnen. Bei allen Schnitten wurde eine Brennweite von 150 mm und eine Hochdruckdüse mit 1,0 mm Auslaßöffnung verwendet. Ausgenommen ist die Schnittiefe 20 mm. Hier wurde eine Brennweite von 300 mm und eine Düse mit 2 mm Auslaßdurchmesser eingesetzt. Schneidgasdruck und Düsenabstand müssen an die jeweils verwendete Düse angepaßt werden.

<u>2 mm:</u>
Schnitte der Güte I sind bei 2 mm Schnittiefe nur eingeschränkt möglich

Schnittgeschwindigkeit:	minimal 2 m/min
	maximal 5 m/min
bei 4 m/min:	
Rauhtiefe:	36 µm
Unebenheit:	0,1 mm
Düsenabstand:	0,7 mm +/- 0,2 mm
Fokuslage:	- 0,8 mm +/- 0,2 mm
Schneidgas:	O_2 3.5
Druck	5 bar
Laserleistung:	50 %; Mindestleistung: 35 %

<u>3 mm</u>

Schnittgeschwindigkeit:	maximal: 6 m/min
	minimal: 2 m/min
bei 4 m/min:	
Rauhtiefe:	26 µm
Unebenheit:	0,08 mm

Düsenabstand:	0,4 mm +/- 0,2
Fokuslage:	- 0,6 mm +/- 0,2 mm
Schneidgas:	O_2 3.5
Laserleistung:	70 %; Mindestleistung 40 %

<u>4 mm</u>

Schnittgeschwindigkeit:	maximal 4 m/min
	minimal 1,5 m/min

bei 3,5 m/min:

Rauhtiefe:	24 µm
Unebenheit:	0,09 mm
Düsenabstand:	0,4 mm
Fokus:	- 1,0 mm
Schneidgas:	O_2 3.5
Druck:	2,5 bar
Laserleistung:	100 %

<u>5 mm</u>

Schnittgeschwindigkeit:	2 m/min
Rauhtiefe:	41 µm
Unebenheit:	0,03 mm
Düsenabstand:	0,7 mm + 0,2
Fokus:	- 0,5 mm + 0,2
Schneidgas:	O_2 3.5
Laserleistung:	100 %

<u>10 mm</u>

Schnittgeschwindigkeit:	1,4 m/min
Rauhtiefe:	50 µm
Unebenheit:	0,2 mm
Düsenabstand:	0,7 mm +/- 0,1 mm
Fokus:	- 0,3 mm
Schneidgas:	O_2 3.5
Druck:	2,5 bar
Laserleistung:	100 %

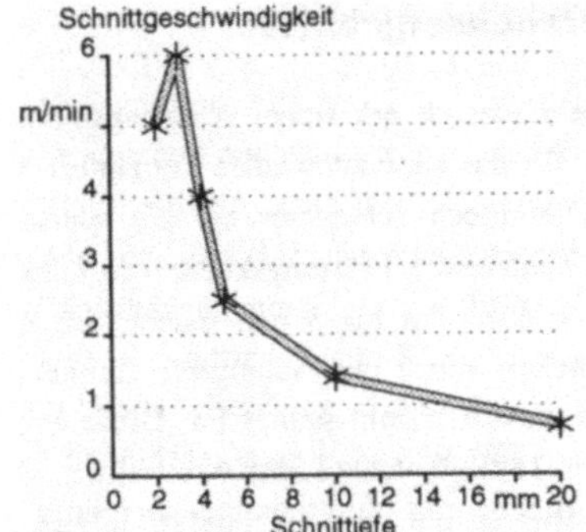

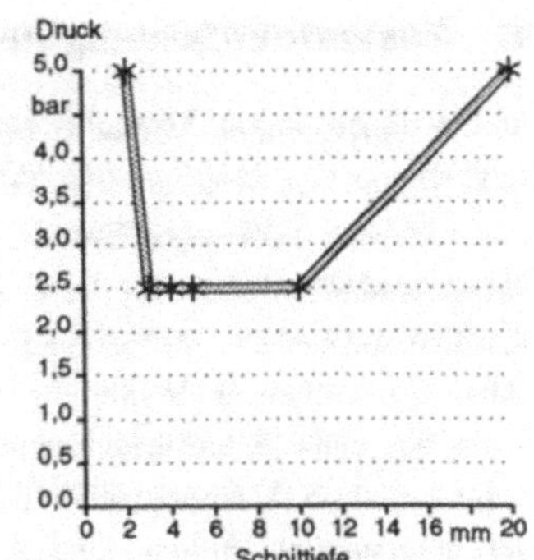

Bild 6.19: maximale Schnittgeschwin-
*   digkeit über der Schnittiefe*

Bild 6.20: Schneidgasdruck über der
*   Schnittiefe*

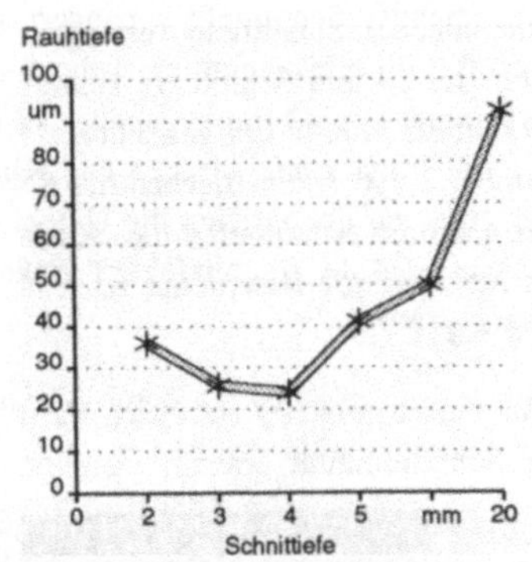

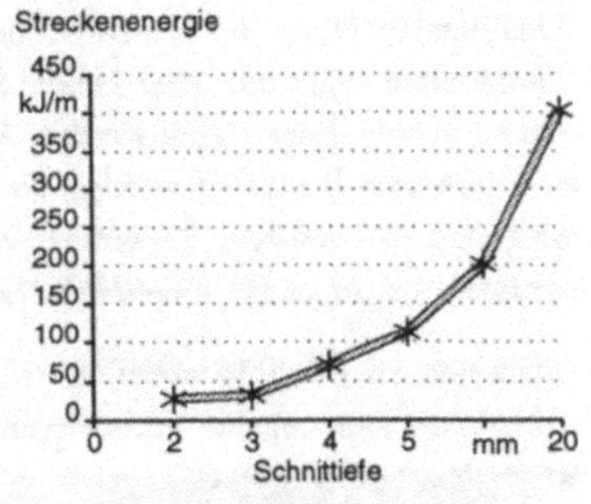

Bild 6.21: Erreichte Rauhtiefe über
*   der Schnittiefe*

Bild 6.22: Benötigte Streckenenergie
*   über der Schnittiefe*

<u>20 mm</u>

Brennweite   300 mm

     Schnittgeschwindigkeit: 1 m/min

     Rauhtiefe: 42 μm

     Unebenheit: 0,8 mm +/-0,1

     Düsenabstand: 1 mm +/ 0,1

     Fokuslage: -5 mm

     Schneidgas: O_2 3.5

     Druck: 3,5 bar

     Laserleistung: 100 %

     Schnittwinkel: 5° stechend

6.2.6   Zusammenfassung der Versuchsergebnisse

Der für die vorliegenden Versuche benutzte Laser ist mit seiner Ausgangsleistung von 5000 W und der Strahlqualität $TEM_{01}*$ für das Laserschweißen konzipiert. Die damit erreichbare Schnittqualität ist für Dünnblech schlechter als die typischer Laserbrennschneideanlagen, die Laser einer niedrigeren Leistungsklasse mit höherer Strahlqualität aufweisen. Insbesondere bei Schnittiefen bis 3 mm macht sich dies bemerkbar. So wurden an Vergleichswerkstücken von 2 mm Schnittiefe Rauhtiefen von 7 µm bei einer Schnittgeschwindigkeit von 6 m/min gemessen. Diese Probe wurde auf einem X-Y-Kreuztisch mit einem 1500 W CO_2-Laser geschnitten. Auf der hier untersuchten Anlage sind 2 mm-Bleche nur mit maximal 5 m/min zu schneiden. Dabei entsteht eine Rauhtiefe von 60 µm. Die geringste erreichbare Rauhtiefe beträgt 36 µm bei 4 m/min Schnittgeschwindigkeit. Die Schnittfläche verläuft im Vergleich zu der mit einem typischen Schneidlaser erreichten unregelmäßig (vgl. Bilder 6.23 und 6.24).   Mit zunehmender Schnittiefe verringert sich der Qualitätsvorsprung der reinen Schneidlaser. Bei 20 mm Schnittiefe kehren sich die Verhältnisse sogar um: Hier konnte eine Rauhtiefe von 42 µm gegenüber 73 µm mit einem Schneidlaser erzielt werden. Können bei 2 und 3 mm-Blechen nur Schnitte der Güteklasse II erzeugt werden, so ist bei größeren Schnittiefen die Güteklasse I problemlos zu erreichen. Bemerkenswert ist hier, daß die Rauhtiefen zu größeren Schnittiefen hin zunächst abnehmen (vgl. Bild 6.21).

Bei Schnitten im Dünnblechbereich kann beim Pulsen mit 500 Hz durch Variation der Pulsbreite eine leichte Verbesserung der Schnittqualität erreicht werden. Bei

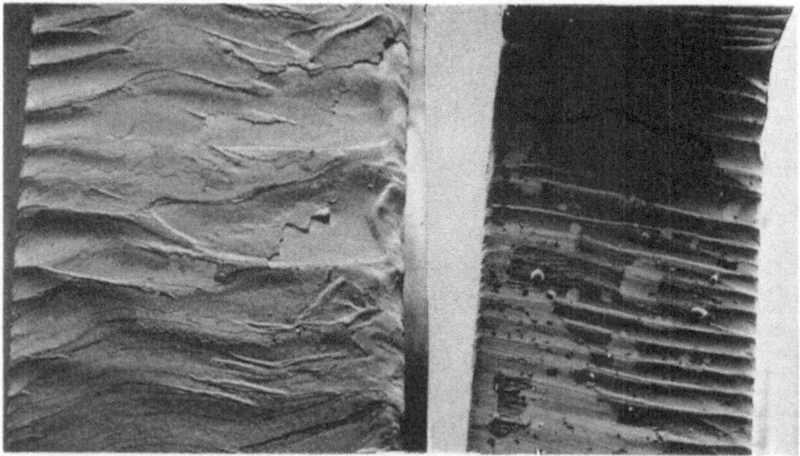

Bild 6.23:   REM-Aufnahme 2 mm;   Bild 6.24:   REM-Aufnahme 2 mm;
4 m/min; TLF 5000   6 m/min; Schneidlaser

allen Schnitten ist auf einen gleichbleibenden Schneidgasdruck an der Werkstückoberfläche zu achten, d.h. Schneidgasdruck und Düsenabstand müssen aufeinander abgestimmt sein. Dies wurde schon von anderen Autoren wie beispielsweise [FRIN 89] erkannt und konnte hier bestätigt werden. Bei großen Schnittiefen ist dies besonders zu beachten. Lassen Schnittiefen unter 10 mm noch eine größere Toleranz für Düsenabstand (+/- 0.2 mm) und Schneidgasdruck (+/- 500 hPa) zu, so muß bei größeren Schnittiefen Schneidgasdruck und Düsenabstand noch genauer aufeinander abgestimmt werden. Bahntoleranzen von +/- 0,1 mm sind einzuhalten. Eine Abstandsregelung ist deshalb unerläßlich. Sie kann entweder über die Robotersteuerung oder über eine zusätzliche Achse parallel zur Strahlachse erfolgen. Da sich die Spiegeloptik für eine direkte Abstandsregelung nicht eignet, würde es genügen die Düsenspitze nachzuführen und den Fokussierspiegel, d.h. die Fokuslage zu belassen.

Was das Schneiden räumlicher Werkstücke anbelangt, konnte festgestellt werden, daß eine Neigung des Schneidkopfs seitlich zur Schnittrichtung keine Auswirkung auf die Trennwirkung hat. Die Qualität verschlechtert sich nur unwesentlich. Bei einer Neigung des Schneidkopfs in Schnittrichtung (Stechen) läßt sich zwar ein Anstieg der Rauhtiefe erkennen, die Trennsicherheit bleibt aber erhalten. Anders bei einem "Schleppen" des Bearbeitungskopfes. Hier genügen schon geringe Winkelfehler von 2° um den Schnitt zu unterbrechen. Diese Erkenntnisse sind beim Programmieren zu berücksichtigen. Bei einer Generierung der Bahn durch CAD/CAM-Kopplung sollten die für jeden Bahnpunkt erzeugten Senkrechten idealerweise um 3° gegen die Schnittrichtung geneigt werden, um einer Fehlorientierung, die den Schnitt unterbrechen würde, vorzubeugen.

Ab 10 mm Schnittiefe bleibt beim Herausschneiden über den Blechrand der untere Teil der Fuge geschlossen. Hier muß leicht stechend geschnitten und die Vorschubgeschwindigkeit vor Erreichen des Schnittendes leicht reduziert werden. Ein übermäßiges Nachlaufen der Unterseite der Schmelzfront kann so vermieden werden. Geschieht dies nicht, wird der Trennvorgang durch Austritt des Laserstrahls aus dem Werkstück abgebrochen, ohne daß der untere Teil der Schneidfront am Ende des Werkstücks angekommen ist.

6.3 Sensorgeführtes Kehlnahtschweißen an Überlappstößen

Kehlnähte an Überlappstößen bieten folgende technologischen Vorteile:

1. Ein günstigerer Kraftfluß vom einen auf das andere Blech wird erreicht.

2. Bei korrosivem Angriff von der Außenseite wird ein besserer Schutz gewährt, da keine Spaltkorrosion auftreten kann.

3. Die Aufhärtung ist geringer, da sich an der Kante ein Wärmestau bildet, der eine zu rasche Abkühlung der Schweißnaht verhindern kann. Der für den Wärmeabfluß aus der Schweißnaht relevante Querschnitt ist nämlich um ein Viertel geringer als bei reinen Überlappnähten.

4. Bei gleicher eingebrachter Streckenenergie läßt sich ein größerer tragender Querschnitt erreichen als mit konventionellen Überlappstößen.

Bisher scheiterte die Realisierung solcher Kehlnahtschweißungen an den notwendigen, sehr engen Lagetoleranzen. Erst durch den Einsatz einer entsprechend in die Schweißanlage integrierten Nahtfolgesensorik ist es möglich, diese Toleranzen auch in der industriellen Praxis einzuhalten. Einsatzbeispiele sind aus der Literatur noch nicht bekannt. Deshalb wurde ein solches System erstmals auf Basis verfügbarer Komponenten für das Laserschweißen von Dünnblechen implementiert.

6.3.1 Der verwendete Nahtfolgesensor

Ein Schweißnahtfolgessensor, der den in Kapitel 4.5 genannten Anforderungen sehr nahe kommt, ist das System Seampilot der Firma Oldelft aus Delft, Holland. Hier handelt es sich um einen pendelnden Lasertriangulationssensor. Er kann die verschiedensten Nahtarten entlang frei programmierbarer Suchstrecken im Raum auffinden und den Nähten in einem vorher festgelegten Bezugspunkt folgen. Dieses System wurde ursprünglich für das Schutzgasschweißen entwickelt. Die Funktionsfähigkeit für Laserschweißungen konnte nachgewiesen werden. Im Schweißbetrieb zeigte sich keinerlei Beeinträchtigung der Meßauflösung durch das auftretende laserinduzierte Plasma. So konnten beispielsweise an 0,8 mm dicken Blechen Kehlnähte mit einer Laserleistung von 3700 W und 4,9 m/min geschweißt werden. Im folgenden wird zunächst detaillierter auf die freie Programmierbarkeit des Systems eingegangen und anschließend die experimentelle Optimierung der Sensor- und Schweißdüsenorientierung beschrieben.

6.3.2 Regelkonzept für vorlaufende Sensoren

Der Befehlsinterpreter der Robotersteuerung liest die jeweiligen Zielpunkte aus dem Speicher des Anwenderprogrammes und gibt sie an die Bahnvorbereitung weiter, wo statische Sensor- und Positionsdaten, z.B. der konstante Abstand zwischen Sensor und Schweißdüse, mit den Daten für den Interpolationsbaustein aufbereitet werden. Die so vorbereiteten Daten werden zum Interpolationsbaustein übertragen, der daraus die Bahnstützpunkte, korrigiert um die statischen Sensor- und Positionsdaten, berechnet. Vor der Berechnung der roboterspezifischen Gelenkwinkel aus den kartesischen Zielpunkten mit Hilfe der Rücktransformation müssen noch die dynamischen Korrekturwerte des Sensors dazu addiert werden, die ebenfalls im kartesischen Koordinatensystem vorliegen. Aufgrund des notwendigen Sensorvorlaufes vor der Schweißdüse werden diese Korrekturwerte vorher in einem Schieberegister (first in - first out) zwischengespeichert und entsprechend der gewählten Schweißgeschwindigkeit zeitverzögert zur Bewegungsbahnberechnung herangezogen. Die transformierten Daten werden anschließend an die Lageregelung übertragen und bewirken damit die sensorkorrigierte Bahnbewegung.

Die Sensordaten werden als Analogwerte über eine digitale Schnittstelle übertragen. Die durch die Datenübertragung und durch die Transformation von kartesischen in gelenkspezifische Koordinaten bedingte zeitliche Verzögerung erlaubt einen on-line Betrieb nur dann, wenn der Sensor vorlaufend angebracht ist und somit genügend Zeit verbleibt, um die Daten zu verarbeiten (Bild 6.25). Der damit verbundene Nachteil - der Sensor kann an Ecken der Schweißnaht nicht folgen - läßt sich durch eine drehbare Zusatzachse oder durch eine stückweise Programmierung beheben.

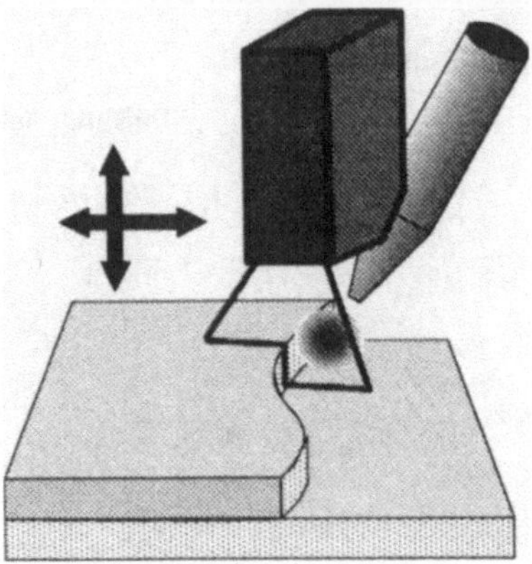

Bild 6.25:   Kehlnahtschweißen am Überlappstoß mit vorlaufendem Sensor

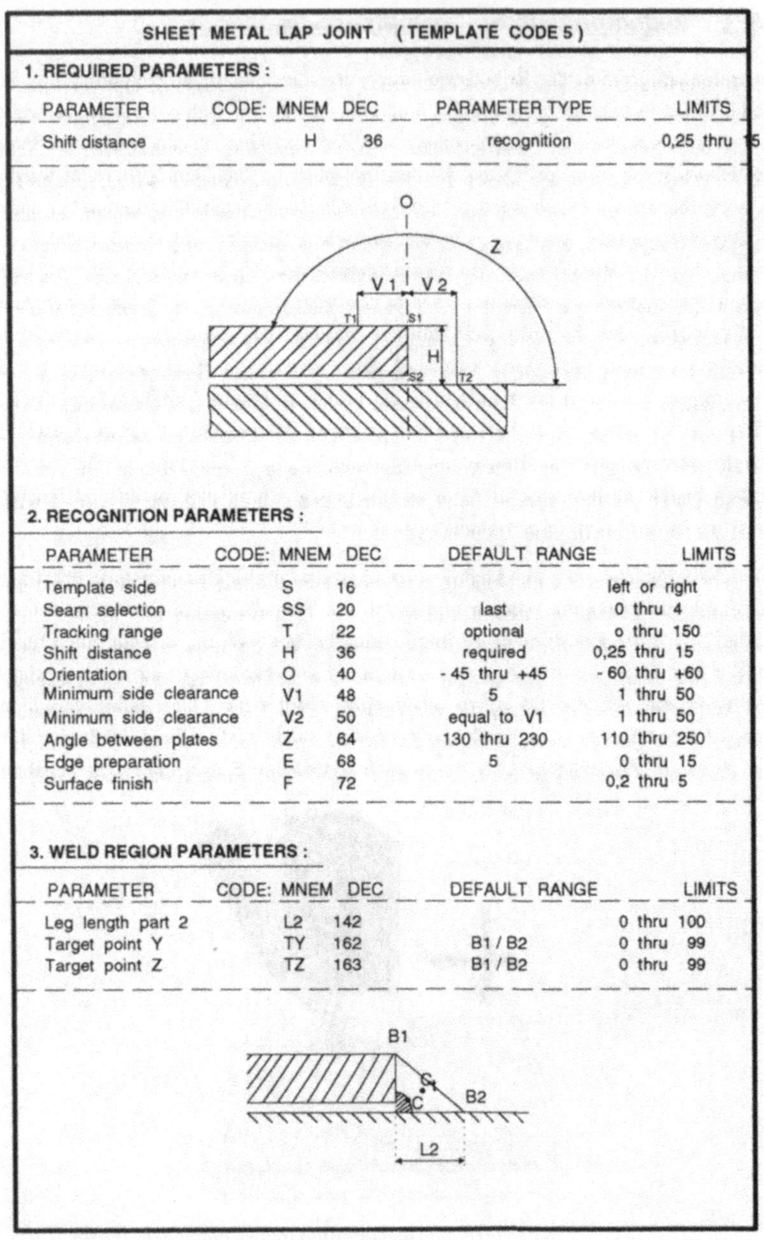

1. REQUIRED PARAMETERS :

PARAMETER	CODE: MNEM	DEC	PARAMETER TYPE	LIMITS
Shift distance	H	36	recognition	0,25 thru 15

2. RECOGNITION PARAMETERS :

PARAMETER	CODE: MNEM	DEC	DEFAULT RANGE	LIMITS
Template side	S	16		left or right
Seam selection	SS	20	last	0 thru 4
Tracking range	T	22	optional	o thru 150
Shift distance	H	36	required	0,25 thru 15
Orientation	O	40	- 45 thru +45	- 60 thru +60
Minimum side clearance	V1	48	5	1 thru 50
Minimum side clearance	V2	50	equal to V1	1 thru 50
Angle between plates	Z	64	130 thru 230	110 thru 250
Edge preparation	E	68	5	0 thru 15
Surface finish	F	72		0,2 thru 5

3. WELD REGION PARAMETERS :

PARAMETER	CODE: MNEM	DEC	DEFAULT RANGE	LIMITS
Leg length part 2	L2	142		0 thru 100
Target point Y	TY	162	B1 / B2	0 thru 99
Target point Z	TZ	163	B1 / B2	0 thru 99

Bild 6.26:   Beschreibung eines Templates

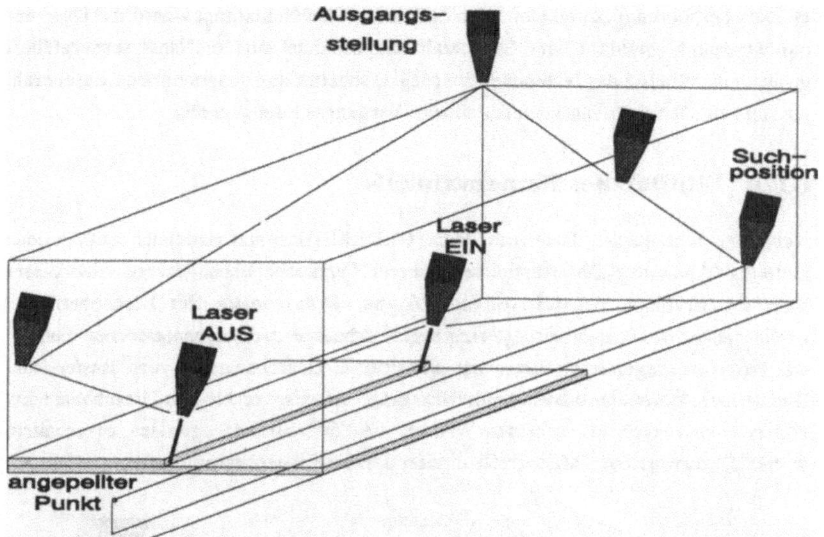

*Bild 6.27:   Schematische Darstellung des Programmablaufes beim Schweißeinsatz
des OLDELFT-Sensors*

6.3.3   Programmierung des OLDELFT-Seampilot

Eine Software-Schablone, Template genannt, dient als Referenz für den Daten-
extraktionsalgorithmus, um die zu schweißende Fuge zu erkennen oder sie aus
anderen Unregelmäßigkeiten innerhalb des Blickfeldes der Kamera auszuwählen.
Sie besteht aus der Beschreibung eines Fugenprofils in der Form seiner Grundtypen
(V-Naht, I-Stoß, Überlappnaht usw.) deren Abmessungen sowie deren Toleranzen.
Nach Eingabe eines Grundtyps aktiviert das Sensorsystem eine Anzahl von Vorga-
beparametern, wie z.B. die Oberflächenrauhigkeit. Der Benutzer selbst muß anschließend nur noch wenige Parameter (z.B. die Blechdicke) eingeben, um das Auffinden
der Schweißfuge sicherzustellen. Alle diese Daten werden zum Sensorsystem übertragen und dort bis zu einer eventuellen Aktualisierung gespeichert. Bild 6.26 zeigt
die Beschreibung eines Templates am Beispiel einer Kehlnaht am Überlappstoß.

Der Programmablauf ist schematisch in Bild 6.27 dargestellt. Die Schweißdüse wird
zunächst von der Ausgangsstellung in die Suchposition gebracht. Ab hier beginnt
der Sensor mit dem Suchen des Schweißnahtanfangs. Dabei bewegt er sich in
Richtung eines angepeilten Punktes. Dieser Zielpunkt muß hinter dem Schweißnah-
tende liegen, sonst bleibt die Düse am Nahtende stehen und fährt die Ausgangsstellung nicht mehr an. Außerdem gibt dieser Punkt die Richtung der programmierten
Bahn an, auf die sich die Korrekturvektoren beziehen. Daher ist er entsprechend

der Schweißrichtung zu wählen. Nach Erkennen des Nahtanfangs wird die Düse auf den Startpunkt gefahren, der Laserstrahl eingeschaltet und die Naht sensorgeführt geschweißt. Sobald das Nahtende erreicht ist, schaltet das Programm den Laserstrahl aus und der Roboter fährt wieder in die Ausgangsstellung zurück.

6.3.4 Einfluß des Kamerawinkels

Nach den technischen Daten aus dem OLDELFT-Benutzerhandbuch enthält jede rasternde Abtastung 200 Abstandsmessungen. Versuche haben gezeigt, daß dieser Wert bis zu einem Winkel von ca. 20° zur Orthogonalen der Blechoberfläche gewährleistet ist. Danach erfolgt eine rapide Abnahme der aufgenommenen Punkte, weil sich die abgetastete Länge der Schnittlinie (Durchdringung von Raster- und Blechebene) durch die zunehmende Schräglage ständig verkleinert. Brauchbare Ergebnisse sind noch bis zu einem Winkel von 50° zur Orthogonalen zu erhalten, wobei der verwertbare Meßbereich immer stärker eingeschränkt wird.

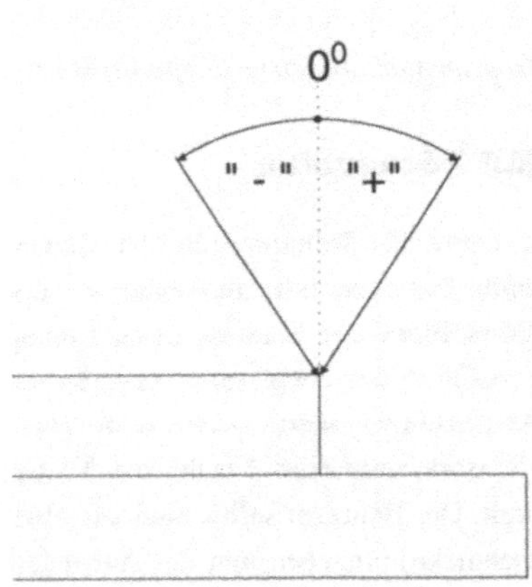

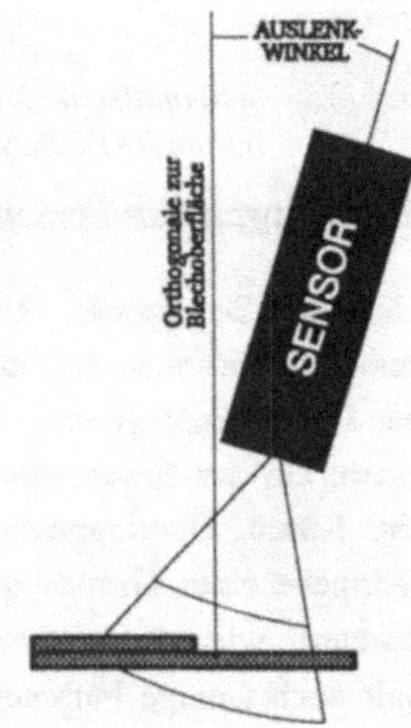

Bild 6.28: *Definition der Winkellage*   Bild 6.29: *Abtastbereich des Laser-*
            in Bezug zur Naht   *sensors*

6.3.5 Vorversuche an St 12-03

St 12-03 wurde als Werkstoff ausgewählt, weil er im Dünnblechbereich ein sehr häufig verwendeter Baustahl ist. Blindschweißnähte dienten als Vorversuche für die nachfolgenden Überlappkehlnähte, um durch die Variation der Gasart und -menge minimale Durchflußwerte, die für eine Durchschweißung notwendig sind, zu ermitteln. Alle Blindschweißversuche zeigten bei Verwendung von Corgon als Schutzgas die schlechtesten Ergebnisse. Aus diesem Grund wurde für die Überlappnähte nur noch Helium und Argon eingesetzt. Helium hat gegenüber Argon den Vorteil, bereits

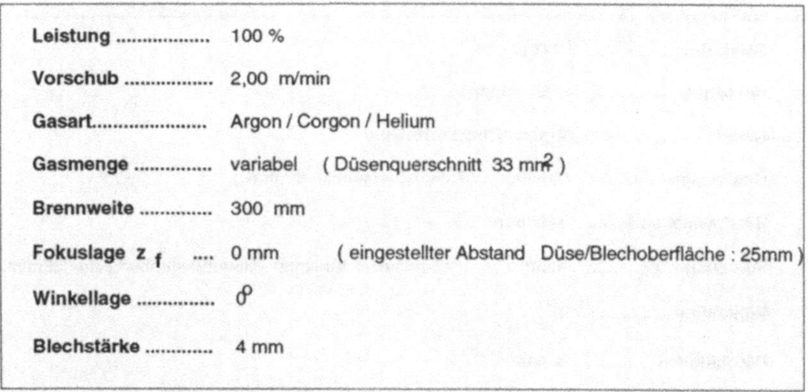

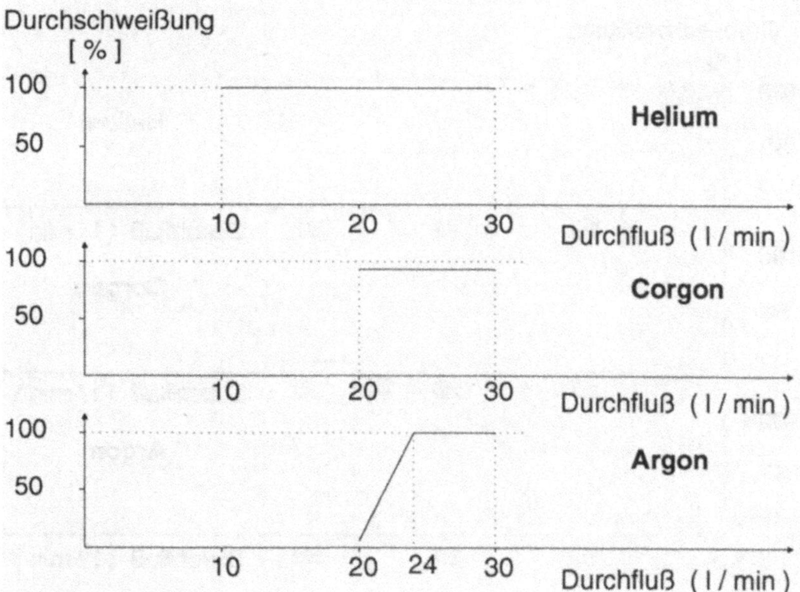

Bild 6.30:   Versuche zum Schutzgaseinfluß bei 2 m/min Vorschubgeschwindigkeit

mit geringen Durchflußwerten eine gute Durchschweißung zu gewährleisten. Allerdings ist Helium ca. dreimal so teuer wie Argon. Berücksichtigt man den höheren Verbrauch bei Argon, so reduziert sich die Differenz der Gaskosten etwas. Beim Einsatz von Argon ergibt sich ein etwas breiterer Nahtquerschnitt als mit Helium.

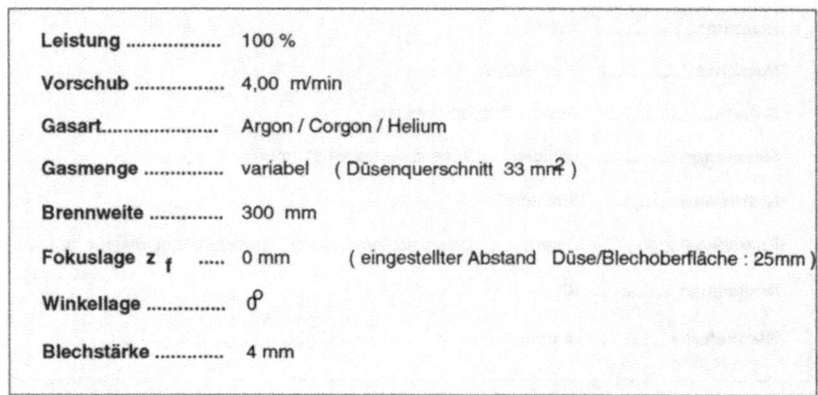

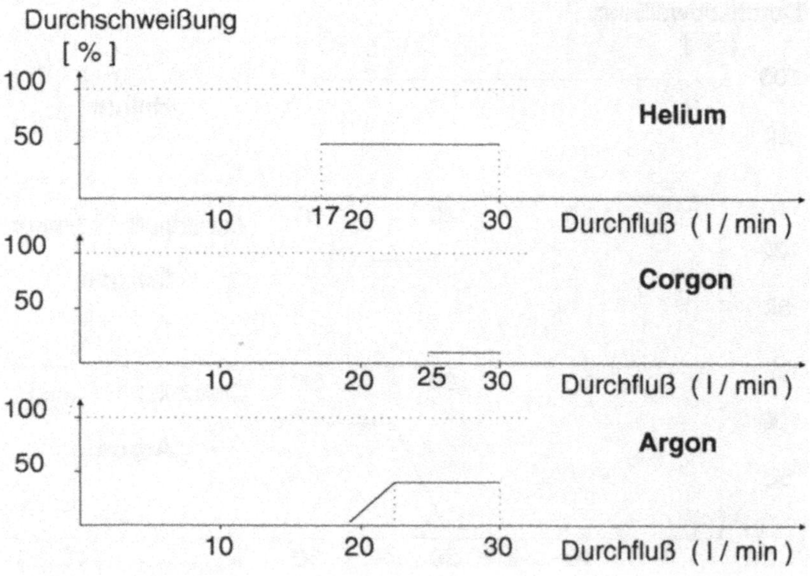

Bild 6.31:   Versuche zum Schutzgaseinfluß bei 4 m/min Vorschubgeschwindigkeit

6.3.6 Überlappkehlnähte

Die nachfolgenden Überlappkehlnähte wurden ohne Ausnahme sensorgeführt geschweißt (Bild 6.32). Dabei wurde mit einer konstanten Winkellage von 20° die Lage des Schweißbezugspunktes variiert. Im Hinblick auf die 3-dimensionale Bearbeitung hat sich die Winkellage von 20° bewährt, um auch bei den auftretenden Fehlorientierungen der Düse noch zufriedenstellende Schweißergebnisse zu erzielen.

Aus der Vielzahl der angegebenen Schweißpositionen wurden nur diejenigen Proben näher untersucht, die nach einer ersten Sichtprüfung ein für die Versuchsreihe weiter zu verfolgendes Ergebnis zeigten. Maßgebend dafür war eine gleichmäßige Nahtzeichnung. Im folgenden sind die Versuchsergebnisse für die Blechstärken 0,75 und 2 mm dargelegt. Um einen größeren Fokuspunkt und damit eine hohe Toleranz der Nahtlage zu gewährleisten, wurde ausschließlich mit einer Brennweite von 300 mm geschweißt.

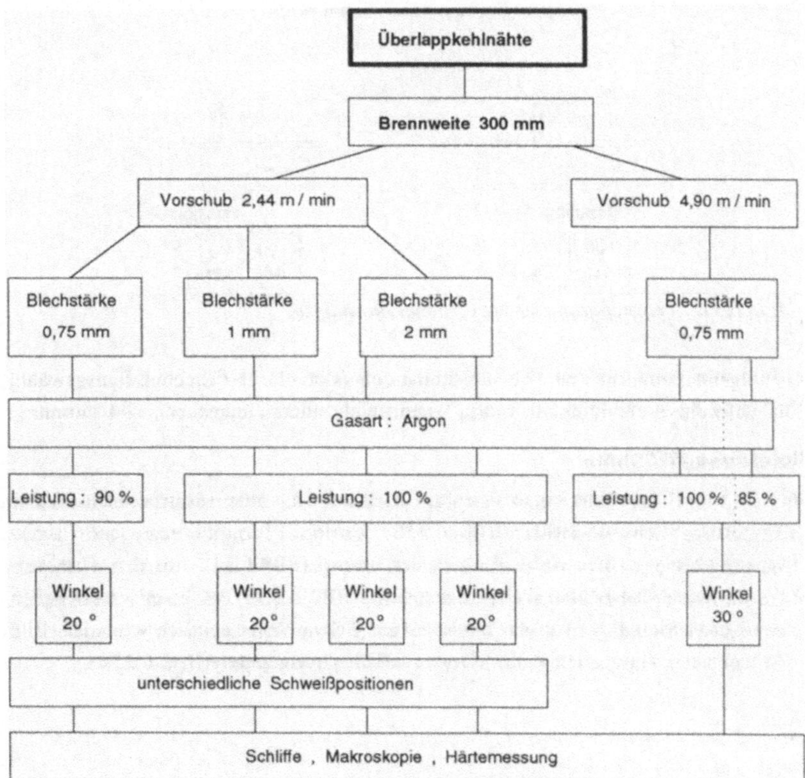

Bild 6.32: Organigramm der durchgeführten Schweißversuche

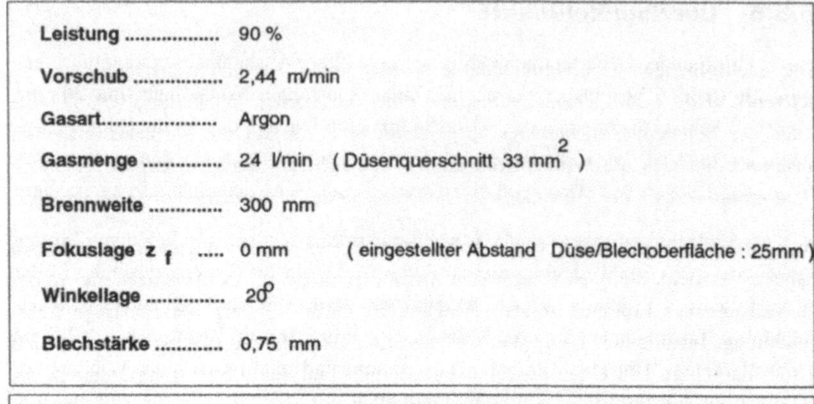

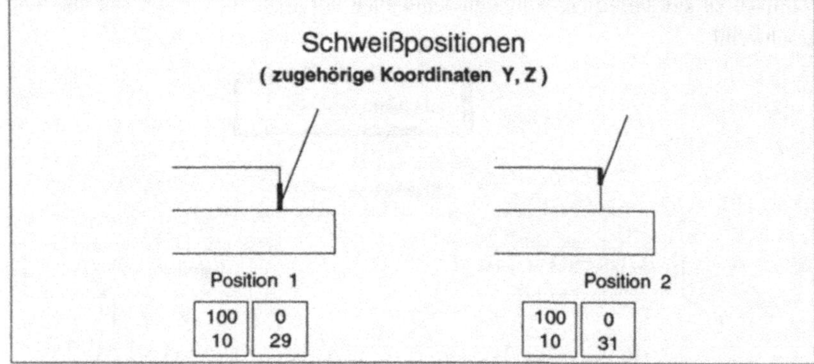

Bild 6.33:   Prozeßparameter bei 0,75 mm Blechdicke

Im folgenden sind aus den Versuchsreihen charakteristische Ergebnisse ausgewählt.
Die Schweißgeschwindigkeit betrug, wenn nicht anders angegeben, 2,44 m/min.

Blechstärke 0,75 mm

Bei 0,75 mm Blechstärke ergab sich das Zielen auf die untere Hälfte der Blechkante
als günstige Schweißposition (Bild 6.33). Position 1 ergibt einen sehr flachen
Übergang ohne jeglichen Nahteinfall an der Wurzel (Bild 6.34). Aus dem Härteverlauf sind keine überhöhten Werte ersichtlich (Bild 6.35). Bei einer verdoppelten
Schweißgeschwindigkeit von 4,9 m/min ist die Schweißnaht deutlich schmaler (Bild
6.36) und der Härteanstieg darin etwas deutlicher ausgeprägt (Bild 6.37).

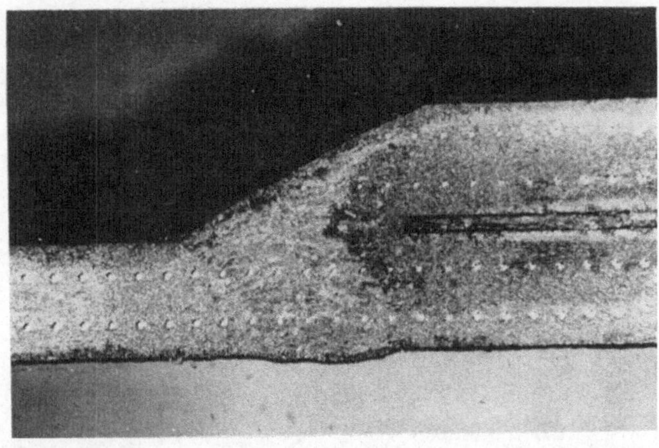

Bild 6.34: Position 1 (Vergrößerung V = 23), 2,44 m/min Schweißgeschwindig-keit, Proben-Nr.: 1/2/5/075/07/1/+20/1

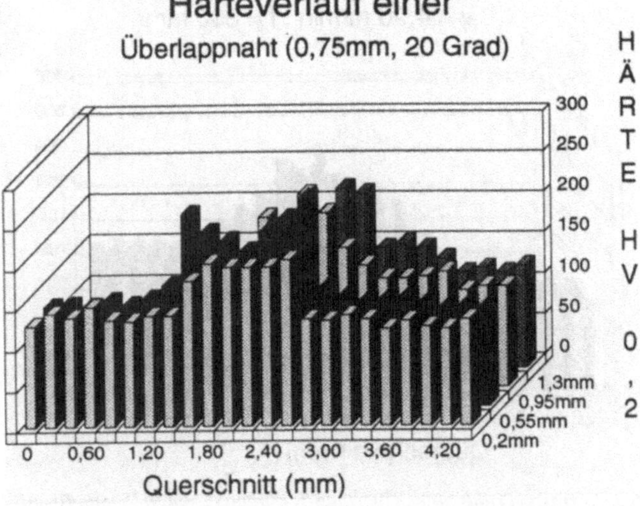

Bild 6.35: Härteverlauf einer Überlapp-Kehlnaht (2 mal 0,75 mm Blech), 2,44 m/min Schweißgeschwindigkeit. Die Angaben rechts in mm geben den Abstand der Prüfspuren von der Blechunterkante an.

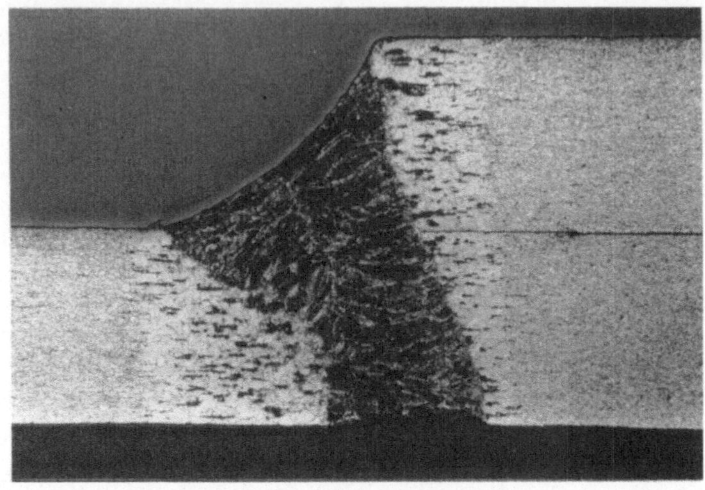

Bild 6.36:   Position 2 (V = 32), v = 4,90 m/min

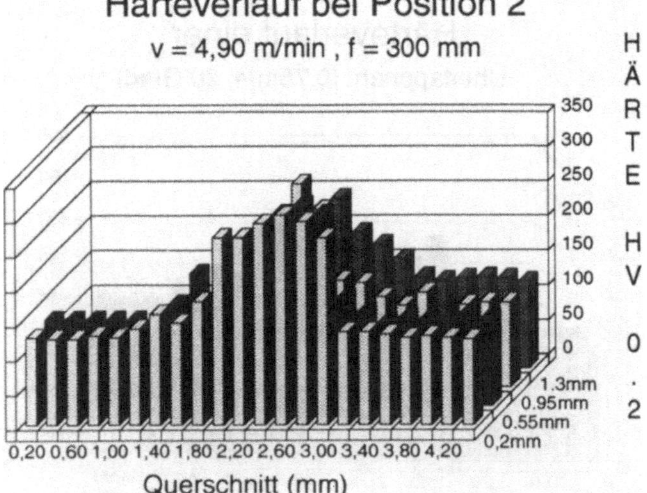

*Bild 6.37:   Härteverlauf einer Überlapp-Kehlnaht (2 mal 0,75 mm Blech), ge-
schweißt mit 4,9 m/min. Die Angaben rechts in mm geben den Abstand
der Prüfspuren von der Blechunterkante an.*

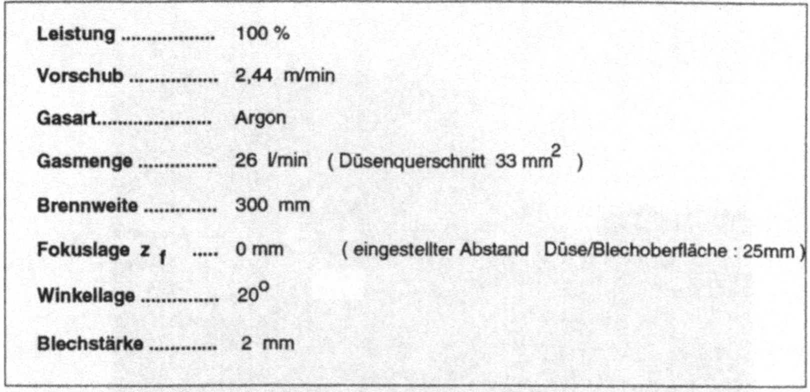

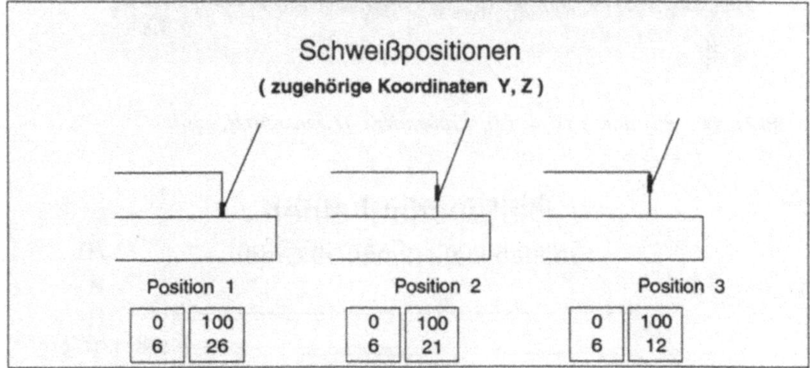

Bild 6.38: Prozeßparameter bei 2 mm Blechdicke

Blechstärke 2 mm

Beim Schweißen 2 mm starker Bleche tritt häufig ein Nahteinfall an der Wurzel auf. Dieser kommt dadurch zustande, daß nicht die gesamte Kante am Überlappstoß abgeschmolzen werden kann, weil sonst keine ausreichende Durchschweißung erzielt wird. In der flüssigen Phase wird die Schmelze aufgrund der Oberflächenspannung nach "oben" gezogen, um den abgerundeten Bereich mit Material aufzufüllen. Dabei entsteht ein Nahteinfall, der trotz verschiedener Variationen bei Laserleistung und Gasdurchfluß nicht vermieden werden konnte. Als günstige Schweißposition erwies sich, wie auch beim Schweißen von 1 mm Blechen, das Zielen auf die Mitte der Blechkante (Bild 6.38). Das beste Ergebnis wurde bei Position 2 erzielt (6.39). Dabei entstand ein Härteverlauf ohne scharfe Übergänge (6.40).

Bild 6.39:   Position 2 (V = 14), Proben-Nr.: 1/2/5/2.0/07/1/+20/1

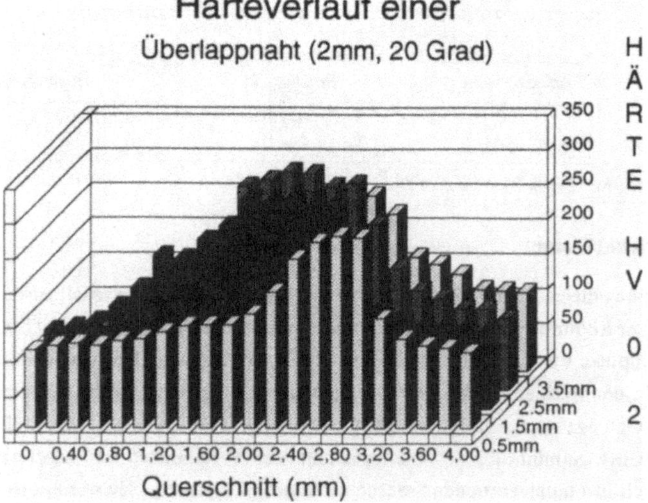

Bild 6.40:   Härteverlauf einer Überlapp-Kehlnaht (2 mal 2 mm Blech), 2,44 m/min Schweißgeschwindigkeit. Die Angaben rechts in mm geben den Abstand der Prüfspuren von der Blechunterkante an.

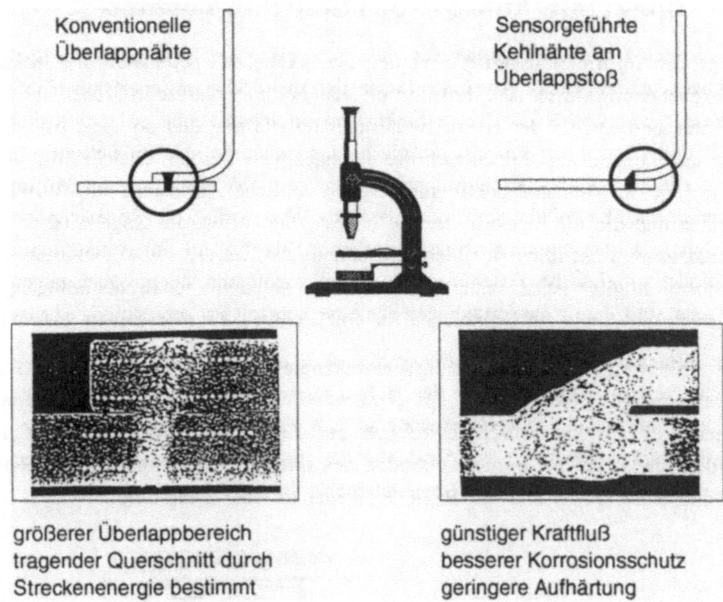

Bild 6.41: Auswirkung der erstmals adaptierten Sensortechnologie auf die mögliche Gestaltung von Laserschweißnähten

Die durchgeführten Versuche belegen insgesamt die Funktionsfähigkeit des Gesamtsystems. Damit wird das untersuchte Nahtfolgesystem auch für industrielle Anwendungen des Laserstrahlschweißens anwendbar. Praktisch erprobt wurde das System beim sensorgeführten Kehlnahtschweißen an Überlappstößen. Solche Schweißungen sind nur mit einer Nahtfolgesensorik durchführbar, weil im industriellen Einsatz stets Toleranzen der Kantenlage vorliegen. Daher ergeben sich auch Auswirkungen auf die Konstruktion lasergeschweißter Bauteile (Bild 6.41). Die Kehlnähte an Überlappstößen erlangen dadurch mit ihren technologischen Vorteilen praktische Bedeutung. Gerade für das Einsatzpotential von Laserschweißanlagen auf Basis von Industrierobotern sind diese Erkenntnisse von großer Bedeutung; denn dadurch daß nun toleranzausgleichende Sensorsysteme zur Verfügung stehen, genügen auch die vergleichsweise kostengünstigen Industrieroboter mit ihrer eingeschränkten Absolutgenauigkeit (vgl. Kap. 6.6) vielfach den Anforderungen des Laserschweißens. Generell ist damit ein Haupthemmnis bei der Einführung des Laserschweißens in die industrielle Fertigung, nämlich die Einhaltung der hohen Lagegenauigkeitsanforderungen entschärft.

6.4   Spektrale Analyse des Schweißplasmas

Einen großen Informationsgehalt über den Schweißprozeß beinhalten die Spektren des entstehenden Plasmas. Aus ihnen lassen sich thermodynamische Größen ableiten. Temperatur und Dichte der freien Elektronen im Plasma sind so spektroskopisch meßbar und können zur Prozeßkontrolle herangezogen werden. Gleichzeitig bieten heute verfügbare Vielkanalspektrographen eine zeitliche Auflösung im Millisekundenbereich und die Möglichkeit, bezüglich des Werkstoffes, der Regelkriterien und des Schutzgases wesentlich flexibler zu arbeiten, als dies mit Interferenzfiltern und Photodioden möglich ist. Zusammen mit schnell regelbaren, hochfrequenzangeregter CO_2-Laser sind damit die Grundlagen für eine Echtzeit-Prozeßregelung vorhanden.

Eigene Arbeiten zur Plasmaemissionsspektroskopie beim Laserstrahlschweißen zeigen, daß sowohl Eigenschaften des Schutzgasflusses als auch eine Korrelation zwischen Laserleistung, Durchschweißgrad und Einschweißtiefe beobachtbar sind. Wesentlich dabei ist die Berücksichtigung des mit dem Werkstoffplasma wechselwirkenden Schutzgases und der Begleitelemente in einer Legierung.

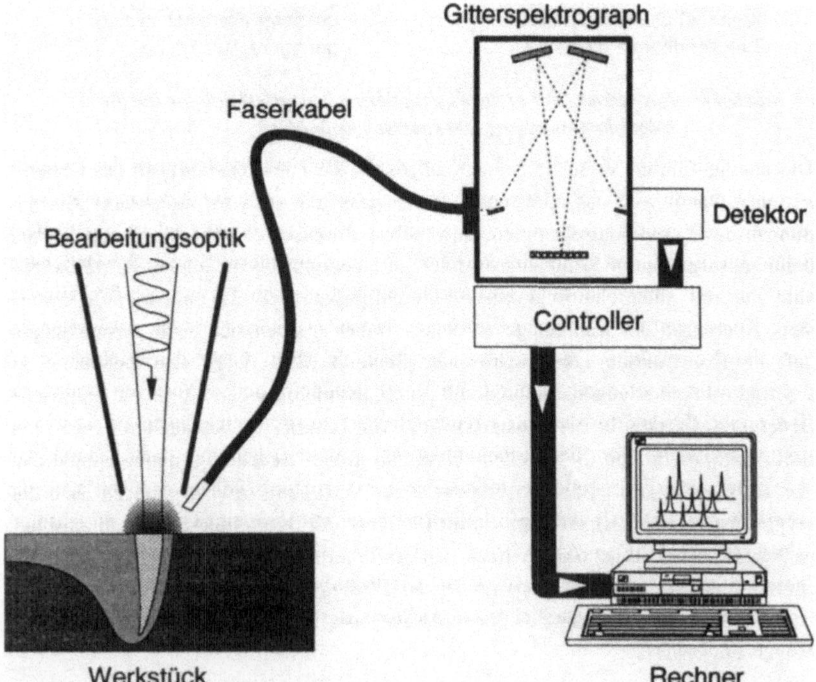

Bild 6.42:   Schematische Darstellung des Meßaufbaus

Der Aufbau zur Untersuchung der Emissionsspektren ist in Bild 6.42 skizziert. Das Plasmalicht wird nach dem Durchgang durch eine Blendenoptik in ein Quarzglas-Faserkabel eingekoppelt und so zum Eintrittsspalt des verwendeten Gitterspektrographen geführt. Die nachfolgend dargestellten Ergebnisse wurden mit einem 30 cm-Spektrographen (Beugungsgitter 1200 Striche/mm) für den sichtbaren Bereich in zweiter Beugungsordnung, für den UV-Bereich in vierter Ordnung erhalten. Das Faserkabel leitet Licht bis hinab zu einer Wellenlänge von etwa 200 nm mit guter Transmission. Die Blendenoptik am einen Ende des Faserkabels ist an der Fokussieroptik des Strahlführungssystemes befestigt. Der Schrittmotor des Spektrographen und der Controller für den Detektor sind über standardisierte Schnittstellen an einen PC angeschlossen, so daß die prinzipiellen Voraussetzungen für die Einbindung in eine automatisierte Fertigung gegeben sind.

Bild 6.43 zeigt die Abhängigkeit der Intensität einer einzelnen Linie von einfach ionisiertem Argon (Ar(II)), das beim Schweißen von Baustahl als Schutzgas verwendet wurde. Die Ar(II)-Linien sind durch das Termschema innerhalb eines größeren Wellenlängenbereiches und durch die Abhängigkeit ihrer Intensität vom Schutzgasfluß eindeutig als solche zu identifizieren. In Bild 6.43 sind, ebenso wie im Bild 6.44, welches den Verlauf des Intensitätsverhältnisses einer neutralen Eisenlinie (Fe(I)) zu einer Ar(II)-Linie zeigt, drei Bereiche zu unterscheiden, nämlich der der Einschweißung, der teilweisen und vollständigen Durchschweißung.

Für eine schnelle Messung der oben genannten Größen kann man sich bei bekannten Linienformen und bekanntem Überlapp der einzelnen Linien darauf beschränken, einzelne Pixel, nämlich die der Maxima der interessierenden Linien, aus dem Detektor auszulesen. Dadurch können mit der bestehenden Hardware Beobachtungsintervalle von einigen ms erreicht werden. Wegen der höheren Differenzen in den Ausgangsniveaus der Fe(II)-Linien ist der nahe UV-Bereich für eine sensitivere Beobachtung besser geeignet als der sichtbare. Durch die Verwendung von Quarzglas- Lichtleitern und darauf abgestimmten Detektorsystemen ist dieser Bereich nicht schwerer zugänglich als der sichtbare, auch im industriellen Einsatz.

Es zeigt sich, daß die Verhältnisse bestimmter Linien zueinander und die absoluten Intensitäten einzelner Linien während der Bearbeitung Aufschluß über den Bearbeitungszustand geben, speziell über die tatsächlich eingekoppelte Laserleistung, eine einsetzende Abschirmung durch ein Schutzgasplasma und den Einschweiß- bzw. Durchschweißgrad. Prinzipiell ist absehbar, daß auf diese Weise eine Prozeßkontrolle und darauf aufbauend eine Regelung realisiert werden kann.

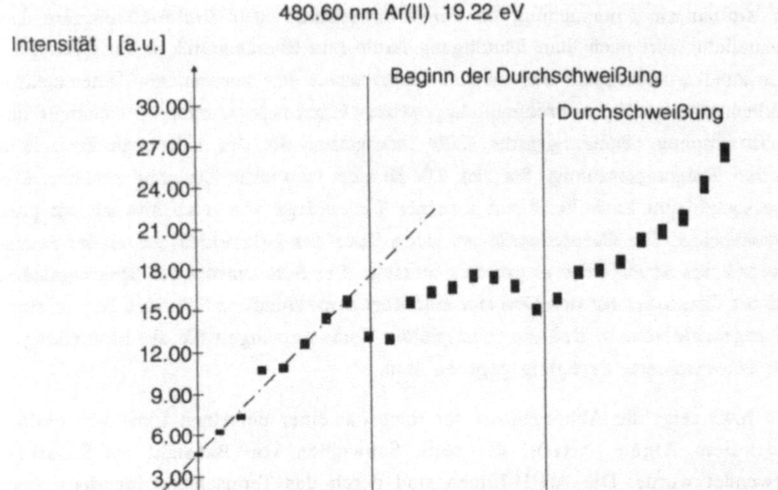

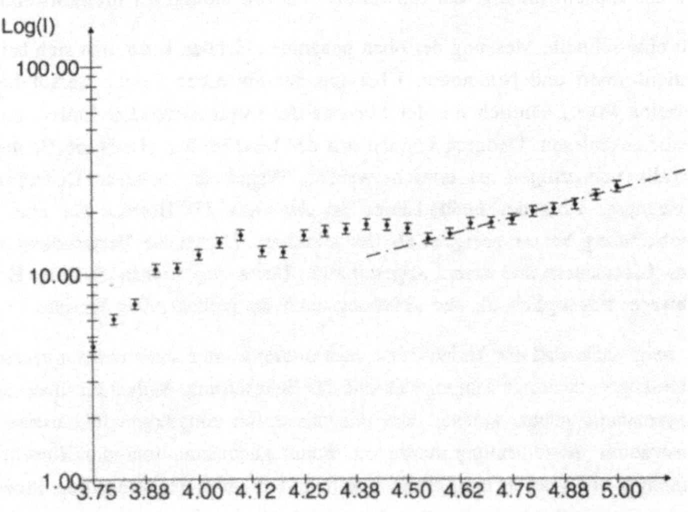

Bild 6.43: Verlauf der Intensität der 480,6 nm Ar(II)-Linie in Abhängigkeit von der Laserleistung. (Leistung: 3,75 - 5 kW, Ar 19 l/min, v = 4 m/min)

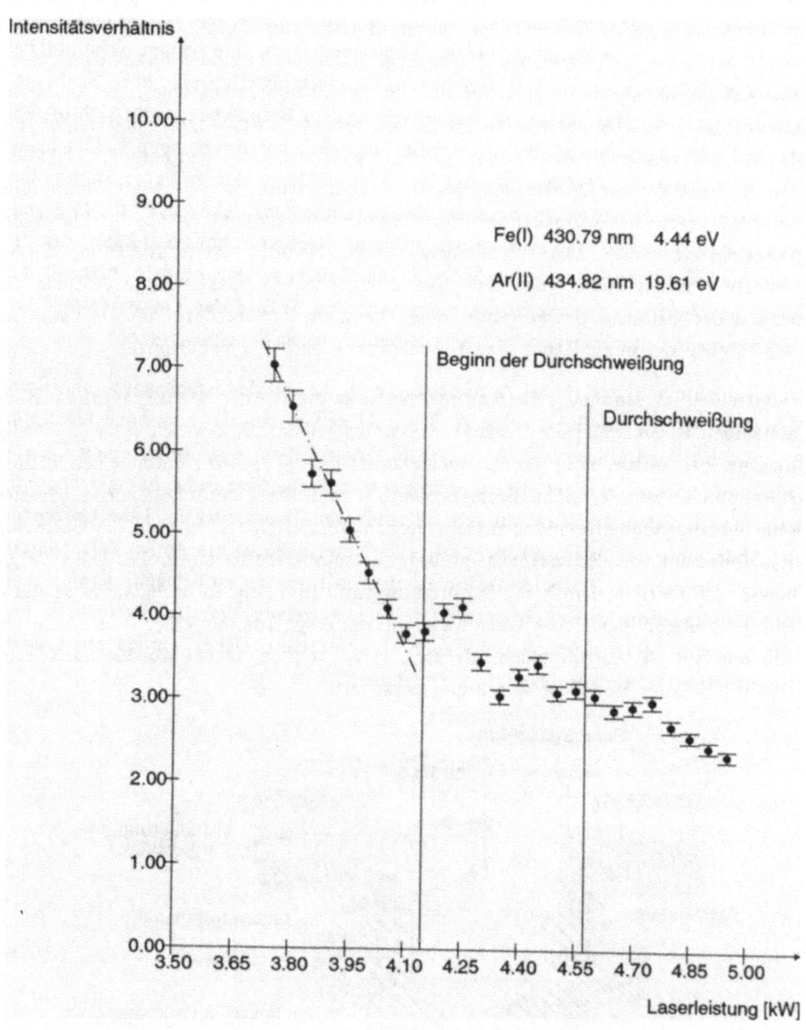

Bild 6.44: *Intensitätsverhältnis einer Fe(I)-Linie und einer Ar(II)-Linie in Abhängigkeit der Laserleistung (Ar 19 l/min, v = 4 m/min)*

6.5   Kombiniertes Schneiden und Schweißen

Beim 3D-Dünnblechschneiden verwendet man allgemein Fokussieroptiken mit kurzer Brennweite. Für CO_2-Laser liegt sie im Bereich von 150 mm, für Nd:YAG-Laser bei 60 mm. Der damit erzielbare kleine Strahlradius ergibt eine geringe Schnittbreite, eine hohe Schnittkantenqualität und läßt im Dünnblechbereich eine hohe Schnittgeschwindigkeit zu. Das Minimum für die verwendete Brennweite ergibt sich oft aus den Anforderungen an die Zugänglichkeit. Dagegen überwiegen beim Laserschweißen die Vorteile von Optiken längerer Brennweite. Durch den größeren Strahlradius verringern sich die Anforderungen an die Positioniergenauigkeit des Strahls gegenüber dem Werkstück. Man erhält einen größeren Nahtquerschnitt und kann, z.B. bei schlechter Nahtvorbereitung, auch Spalte überbrücken. Der größere Abstand zur Werkstückoberfläche gewährleistet einen besseren Schutz der Fokussieroptik vor Verschmutzung durch Rauch und Beschädigung durch Schweißspritzer.

Unterschiedlich sind auch die Anforderungen an die Art der Arbeitsgaszufuhr. Beim Schneiden ist ein möglichst scharfer Gasstrahl gewünscht, der eine hohe kinetische Energie zur Austreibung der Schmelze mitbringt. Dies wird durch einen kleinen Düsendurchmesser erreicht. Beim Schweißen muß die kinetische Energie begrenzt sein, um die Schmelze nicht zu sehr aufzublasen. Gleichzeitig muß die Gasmenge zur Abdeckung der Schweißnaht groß genug sein; dazu ist ein großer Düsendurchmesser erforderlich. Um beide Anforderungen in Einklang zu bringen, wurde die in Bild 6.45 abgebildete Düse konstruiert, mit der es gelang, bei einer Brennweite von 150 mm sowohl zu schneiden, als auch zu schweißen. Dabei wurden nur Gasart, Durchflußmenge und Einblasrichtung verändert.

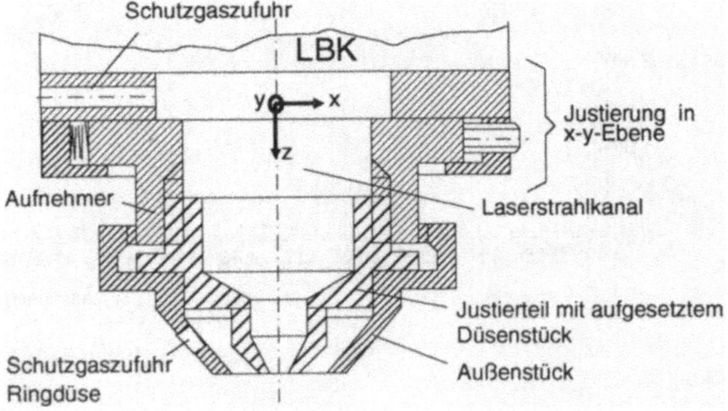

Bild 6.45:   Schneid- / Schweißdüse mit koxialer und ringförmiger Gaszufuhr

Zum Schneiden wurden 25 l Sauerstoff pro Minute koaxial durch die Düsenbohrung (Durchmesser ca. 0,9 mm) geblasen. Als weitere Schneidparameter für 3 mm dicken St 12-03 sind zu nennen: 3250 W Laserleistung, 5 kHz Pulsfrequenz, 4 m/min Schnittgeschwindigkeit, Fokus ca. 0,5 mm unterhalb der Blechoberfläche.

Die so geschnittenen Bleche wurden anschließend mit der neuen Universaldüse und, um einen Vergleich zu erhalten, auch mit einer koaxialen Gasdüse für 300 mm Brennweite (5 mm Durchmesser) wieder zusammengeschweißt (Bild 6.46).

Bei Verwendung der Universaldüse lauteten die Schweißparameter wie folgt:

Laserleistung	4000 W
Vorschubgeschwindigkeit	2 m/min
Tastfrequenz	5 kHz
Schutzgasfluß	25,5 l/min Argon durch Ringspalt, 5 l/min Argon durch Düsenspitze
Fokuslage	ca. 2 mm oberhalb Blechoberseite

Beim Schweißen arbeitet man also mit einem leicht defokussierten Strahl. Während beim Schneiden der Abstand der Düsenspitze von der Blechoberfläche nur ca. 0,5 mm beträgt, darf dieser beim Schweißen nicht unter 3 mm liegen, da sonst die Düsenspitze abschmilzt. Beim Schneiden besteht diese Gefahr nicht. Der große Sauerstoffstrom kühlt die Düsenspitze und verhindert außerdem, daß flüssiger Werkstoff die Düse verstopft.

Beim Schweißen mit der Universaldüse kommt es zu starkem Funkenflug auf der Blechunterseite. Es scheint sich sowohl auf der Blechober- als auch unterseite eine Plasmawolke zu bilden. Vergleicht man die Schliffbilder, so ist die Oberfläche der bei 300 mm Brennweite geschweißten Naht beinahe optimal, während bei Verwendung der Universaldüse, besonders auf der Nahtunterseite, eine starke Nahtunterwölbung auftritt. Da bei beiden Schweißungen die Schnittkantenqualität als gleich angenommen werden kann, muß bei der Schweißung mit der Universaldüse Schmelze ausgeblasen worden sein. Verantwortlich hierfür ist vermutlich das koaxial eingeblasene Argon. Auf dieses kann aber nicht verzichtet werden, da sich sonst die Düsenöffnung zusetzt und dann letztlich zerstört wird.

Obwohl bei Verwendung des 300 mm Fokussierspiegels die eingebrachte Streckenenergie etwas größer ist als beim Schweißen mit der Universaldüse, fällt bei der längeren Brennweite die Wärmeeinflußzone kleiner aus. Dabei hat sie im Schliffbild die Form eines Weinglases. Der Großteil der Schweißenergie entfällt auf die Blech-

Bild 6.46:   Oben: universelle Schneid- und Schweißdüse, l. mit koaxialer Gaszufuhr
             zum Schneiden, r. mit ringförmiger Gaszufuhr zum Schweißen.
             Unten: Schweißergebnisse bei St 12-03, 3 mm Dicke; Zuschnitt beider
             Proben mit Universaldüse — l. Schweißung mit Universaldüse 150 mm
             Brennweite (4 kW, 2 m/min), r. mit Schweißdüse 300 mm Brennweite
             (5 kW, 2,3 m/min)

oberseite. In den Randbereichen der Wärmeeinflußzone (WEZ) sind größere Zementitausscheidungen sichtbar. Im unteren Nahtdrittel erkennt man mehrere Poren. Das Schliffbild der mit 150 mm Brennweite geschweißten Probe zeigt nur sehr viel feinere Zementitausscheidungen auf den Korngrenzen. Die Randlinien der WEZ verlaufen beinahe parallel zueinander.

So stellt die beschriebene Methode, Schneid- und Schweißdüse zu kombinieren, für spezielle Anwendungsfälle eine einfache und kostengünstige Kompromißlösung dar. Man kann damit auf aufwendige Wechseleinrichtungen verzichten. Einschränkungen in der Nahtqualität müssen jedoch in Kauf genommen werden. Daneben schränkt die breite Düsenform und der relativ geringe Abstand zur Werkstückoberfläche den Einsatz bei dreidimensionalen Bauteilen ein. Stark konkav gekrümmte Flächen und Kehlnähte können hiermit nicht bearbeitet werden.

6.6 Dynamische Untersuchungen am Knickarm-Laserroboter

Nicht nur der Laser- und der Arbeitsgasstrahl sondern auch das Verhalten der Führungsmaschine beeinflussen die Qualität der Laserbearbeitung. Dabei treten einerseits Abweichungen von der Sollkontur auf. Andererseits können Schwingungen das Bearbeitungsergebnis beeinträchtigen, indem sie die Schmelzbaddynamik beim Bearbeitungsprozeß anregen und somit beispielsweise beim Schneiden zu Riefen führen. Im folgenden sind exemplarisch Untersuchungen der dynamischen Eigenschaften von Laserrobotern dargestellt. Ziel der Untersuchungen am Knickarmroboter war es, den Einfluß fremderregter Schwingungen und die Genauigkeit numerisch programmierter Bahnen zu bestimmen. Am Beispiel eines Laser-Portalroboters wird die Methode der Modalanalyse aufgezeigt, wie sie auch für Werkzeugmaschinen angewandt wird. Damit lassen sich strukturelle Schwachstellen aufdecken.

6.6.1 Schwingungsuntersuchungen

Um den Einfluß der Maschinendynamik auf das Bearbeitungsergebnis zu bestimmen, wurden an charakteristischen Stellen des gesamten Systems aus Roboter und Laser mit Piezo- bzw. kapazitiven Aufnehmern die auftretenden Beschleunigungen gemessen. Insbesondere fremderregte Schwingungen, welche von den Wälzkolbenpumpen oder der Drehschieber-Vakuumpumpe des Lasers herrühren, sind von Interesse. Um zu ersten Ergebnissen zu gelangen, wurden die Signale der Piezo-Beschleunigungssensoren mit einem Speicheroszilloskop festgehalten. Weiterhin wurde ein am iwb entwickeltes, PC-gestütztes Meßerfassungssystem eingesetzt, das auf der A/D-Wandlerkarte DAP 1200 der Firma Microstar Laboratories beruht. Mit diesem ist es möglich, eine Fourier-Analyse der aufgezeichneten Meßkurven durchzuführen.

6.6.1.1 Messungen am Fokussierspiegel

An der Roboterhand treten bei eingeschaltetem Laser aufgrund der mechanischen Kopplung über das Strahlführungssystem Schwingungen auf, selbst wenn der Roboter in den Bremsen steht. Die Amplitude ist abhängig von der Roboterstellung. Für die Messungen wurde ein Beschleunigungssensor auf die Halteplatte des Fokussierspiegels geklebt. Schwingungen an dieser Stelle sind von besonderer Bedeutung, da sie in den Brennpunkt und damit in den Bearbeitungsort abgebildet werden. Die Schwingungen werden über das Strahlführungssystem, das am Lasergestell angeflanscht ist, übertragen. Auffällig ist, daß die Amplitude bei bewegtem Roboter kleiner ist als bei ruhendem (Bild 6.47). Die Frequenz liegt im Bereich von 75 Hz.

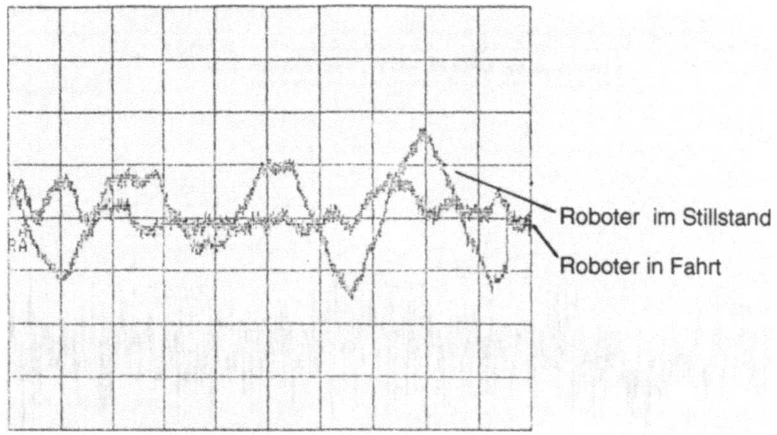

Bild 6.47: Zeitverlauf der auftretenden Beschleunigungen an der Roboterhand.
Eine Einheit auf der x-Achse entspricht 5 ms.

Da die Regelung des Roboters zu langsam ist, um unter Fahrt eine Frequenz von 75 Hz auszugleichen, kommen folgende mögliche Gründe als Erklärung in Betracht:

1. Der Roboter ist mechanisch steifer, wenn er in Fahrt ist, als wenn er in den Bremsen steht, da dann alle Getriebeteile unter Vorspannung stehen.

2. Das Strahlführungssystem überträgt Schwingungen im ruhenden Zustand stärker als im bewegten Zustand, da die auftretende Haftreibung zu einem teilweisen Kraftschluß führt, während in bewegtem Zustand die Gleitreibung in der Teleskopachse dämpfend wirkt.

Um die auftretenden Schwingungen genauer zu analysieren, wurden Untersuchungen mit dem PC-gestützten Meßerfassungssystem durchgeführt. Bild 6.48 zeigt im oberen Teil die Beschleunigungsamplituden und im unteren Teil das entsprechende Fourier-Spektrum, das bei einem Laserschnitt mit 4 m/min aufgezeichnet wurde. Das Signal bei 50 Hz rührt wahrscheinlich vom Netzbrummen her. Das Signal bei 75 Hz deutet jedoch auf eine mechanische Schwingung hin. Eine weitere Messung wurde bei einer Geschwindigkeit von 2,5 m/min durchgeführt (Bild 6.49). Auch hier tritt wieder die Schwingung mit ca. 75 Hz auf. Zusätzlich kommt noch eine zweite mit 22 Hz hinzu. Das Fehlen der 50 Hz Schwingung bestätigt die Annahme, daß es sich bei der vorangegangenen Messung um ein eingeschleiftes Netzbrummen handelt.

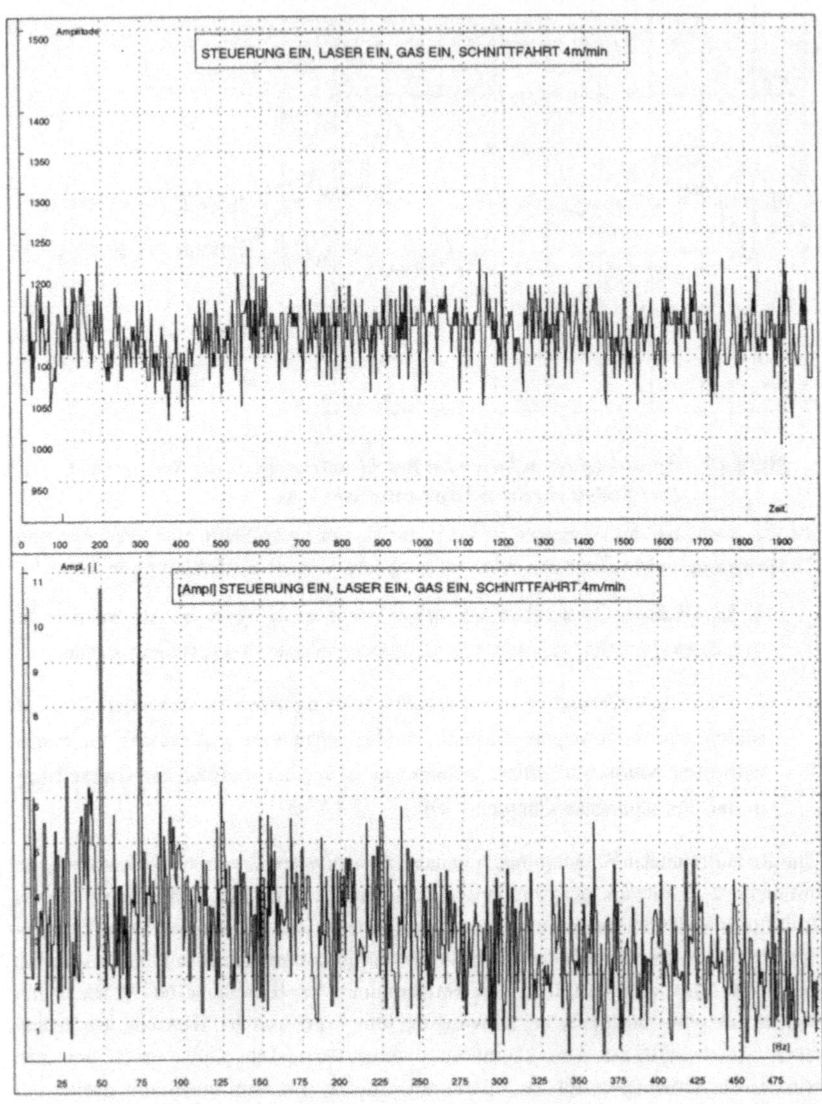

Bild 6.48:   *Zeitverlauf und Spektralanalyse der am Fokussierspiegel auftretenden Schwingungen bei 4 m/min Geschwindigkeit.*

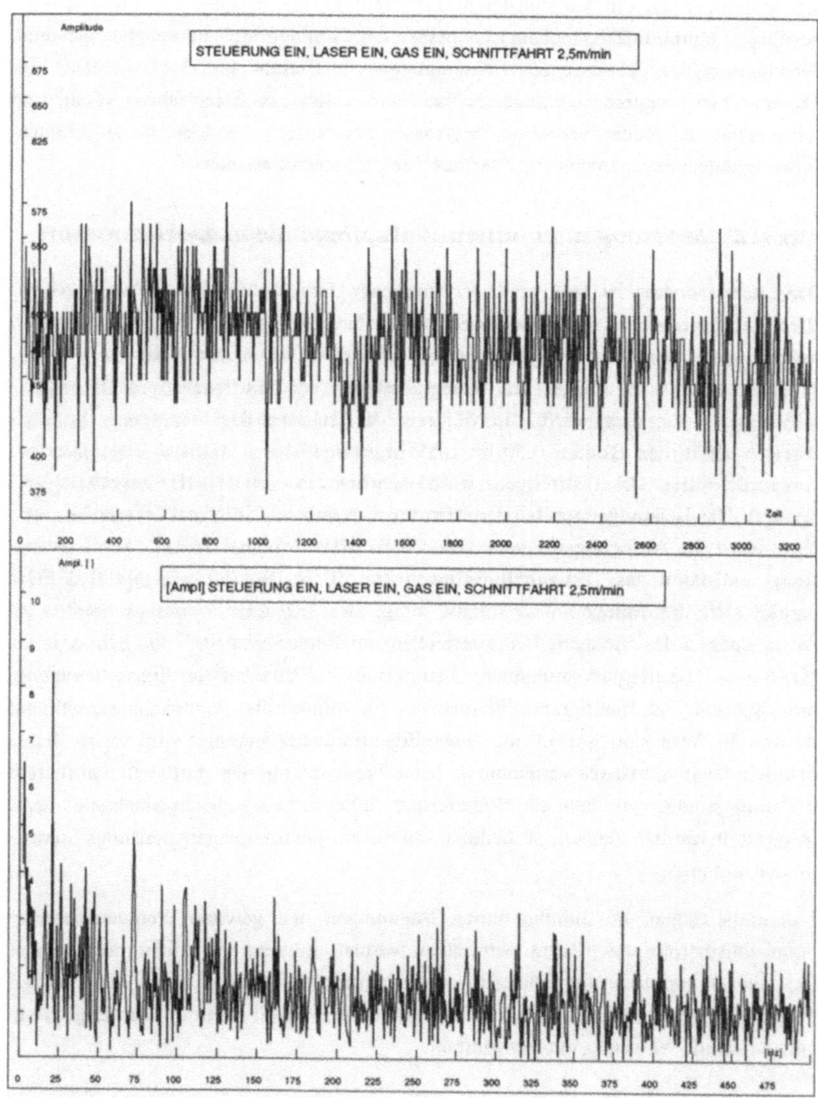

Bild 6.49: *Zeitverlauf und Spektralanalyse der am Fokussierspiegel auftretenden Schwingungen bei 2,5 m/min Geschwindigkeit.*

Durch Messungen am Laseraggregat selbst wurde als hauptsächliche Erregerquelle der Schwingungen die Vakuum-Drehschieberpumpe identifiziert. Daraufhin wurde sie durch Gummipuffer mechanisch besser vom Grundgestell entkoppelt, was eine Verringerung der übertragenen Schwingungen im Bereich von 75 Hz brachte. Im Rahmen einer weiteren Umbaumaßnahme wurde dann das Strahlführungssystem an eine eigens im Boden verankerte Stützsäule angeflanscht. Seitdem ist die gesamte Schwingungsübertragung vom Laser auf den Roboter eliminiert.

6.6.1.2 Messungen an einem Faltspiegel des Laserresonators

Der Laserresonator ist bei gepulster Anregung Druckschwankungen unterworfen. Diese schlagen sich in Schwingungen der Faltungsspiegel des Resonators nieder, welche durch Beschleunigungsmessungen nachgewiesen wurden. Hier zeigte sich, daß der vermessene Spiegel in Abhängigkeit von der Tastfrequenz zu Resonanzschwingungen angeregt wird. Die Meßreihe der relativen Beschleunigung im Zeitbereich, die in den Bildern 6.50 bis 6.55 in einheitlichem Maßstab abgebildet ist, verdeutlicht dies. Die Tastfrequenz wurde schrittweise von 1,1 kHz ausgehend vermindert. Der Leistungsimpuls ist an dem hochfrequenten Störsignal erkennbar, welches durch die Anregungsfrequenz von 13,56 MHz zustande kommt. Die Laserleistung und damit das Tastverhältnis liegen bei 50 %. Bei 1,1 kHz und 1,05 kHz verhält sich der Spiegel noch relativ ruhig. Bei 1,0 kHz kommt es bereits zu Auslenkungen des Spiegels. Diese erreichen im Bereich von 0,97 bis 0,98 kHz ihr Maximum. Hier liegt der anregende Leistungspuls in Phase mit der Eigenschwingung des Spiegels. Zu niedrigeren Frequenzen hin nimmt die Schwingungsamplitude wieder ab. Wenn der Spiegel mit seiner Eigenfrequenz angeregt wird, so ist dieses deutlich auch akustisch vernehmbar. Eine Veränderung der mittleren emittierten Leistung konnte mit dem am Rückfenster angebrachten Leistungsmeßgerät nicht festgestellt werden. Jedoch ist denkbar, daß es zu hochfrequenten Leistungsfluktuationen kommt.

Jedenfalls zeigen die durchgeführten Messungen, daß gewisse Frequenzbereiche beim Pulsbetrieb des Lasers vermieden werden müssen, um nicht mechanische Resonanzen hervorzurufen. Diese Resonanzfrequenzen sollten an sich vom Hersteller mit angegeben werden, da die Anwender in der Regel nicht in der Lage sind, entsprechende Versuche durchzuführen.

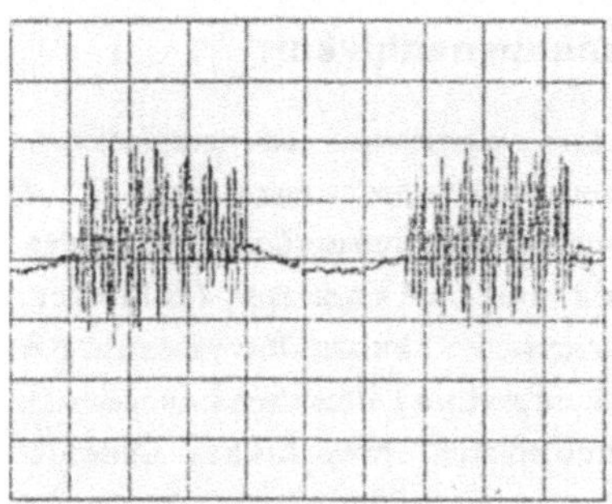 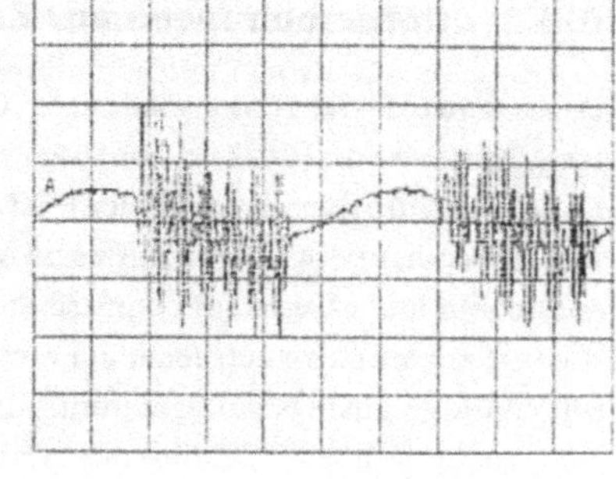

*Bild 6.50:　Beschleunigungen bei
　　　　　900 Hz Tastfrequenz*

*Bild 6.51:　Beschleunigungen bei
　　　　　950 Hz Tastfrequenz*

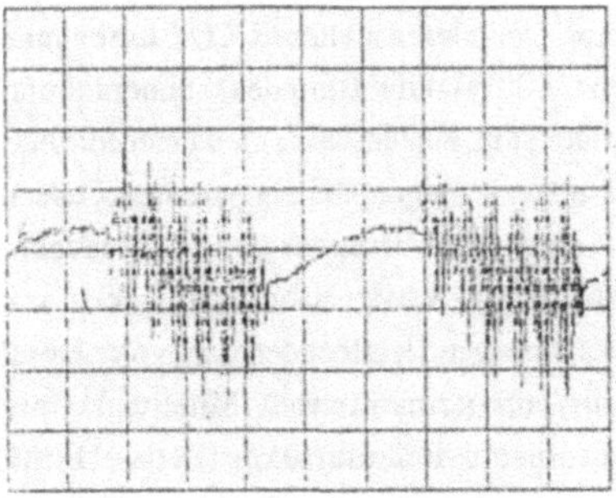

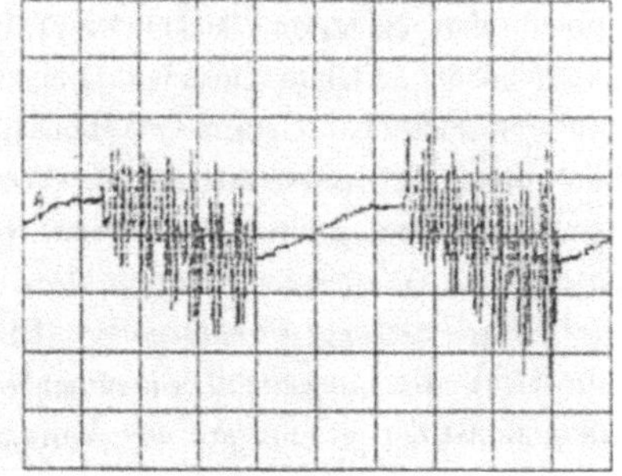

*Bild 6.52:　Beschleunigungen bei
　　　　　970 Hz Tastfrequenz*

*Bild 6.53:　Beschleunigungen bei
　　　　　980 Hz Tastfrequenz*

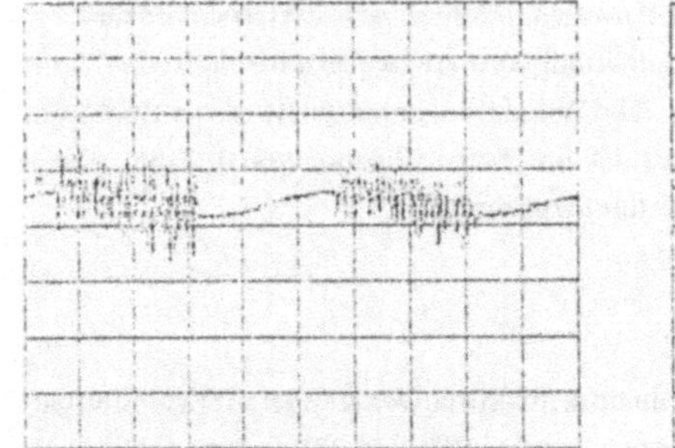 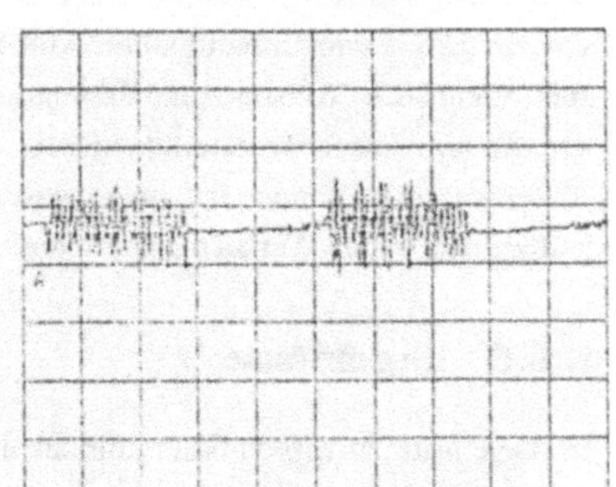

*Bild 6.54:　Beschleunigungen bei
　　　　　1000 Hz Tastfrequenz*

*Bild 6.55:　Beschleunigungen bei
　　　　　1050 Hz Tastfrequenz*

*EineEinheit auf der x-Achse entspricht bei allen Aufnahmen im Zeitbereich 0,2 ms. Die
Verstärkung und damit der Maßstab der y-Achse sind jeweils gleich.*

6.6.2 Untersuchungen zur Kreisbahngenauigkeit

Der am iwb in Verbindung mit dem CO_2-Laser eingesetzte Industrieroboter war vom Hersteller im Hinblick auf die Bahngenauigkeit bereits optimiert. Für die Genauigkeit off-line programmierter Bahnen ist die Absolutgenauigkeit entscheidend. Um repräsentative Aussagen treffen zu können, wurde die Genauigkeit des Roboters mit Strahlführungssystem für numerisch programmierte Zirkularsätze vermessen. Bei Kreisen zeichnet sich außerdem ein eventuell auftretendes Umkehrspiel ab, das sich beim Einsatz einer Nahtfolgesensorik als problematisch erweisen kann. Denn dadurch ergibt sich ein nichtlineares Verhalten, das auch durch den Einsatz von Sensorik nicht ausgeglichen werden kann.

Für die Messungen fuhr der Roboter Kreisbahnen von 120 mm Durchmesser auf einem eben gelagerten Blech in X-Y Ebene ab. Der zugeschaltete CO_2-Laser markierte dabei mit einer mittleren Leistung von 100 W die Bahn des Schneidkopfs auf dem Stahlblech. Um eine möglichst schmale Spur zu erhalten, ist es erforderlich, den Fokus des Laserstrahls auf die Blechoberseite zu legen. Die so erzeugte Laserspur weist eine gleichmäßige Breite von 0,4 mm auf. Versuche an verschiedenen Stellen im Arbeitsraum dienten dazu, die Abhängigkeit der Bahngenauigkeit von der Roboterstellung zu untersuchen. Die Abweichungen der Roboterbahn von einem Idealkreis, der ausgehend von einem ebenfalls robotermarkierten Mittelpunkt mit dem Reißzirkel geschlagen war, wurden unter einem Meßmikroskop (Zeiss UMM) untersucht. Der Kreismittelpunkt unterliegt auch der Toleranz des Roboters. Bei den Versuchen betrugen der Überschleiffaktor 100 % und die Bahngeschwindigkeiten zwischen 1,5 und 7,5 m/min. Überschleiffaktor 100 % bedeutet, daß die Bahngeschwindigkeit unter Inkaufnahme von Abweichungen an den Zwischenpunkten konstant bleibt. Die Konstanz der Bahngeschwindigkeit ist aus prozeßtechnischen Gründen für die Laserbearbeitung wichtig. Die Wiederholgenauigkeit, die entscheidend für eingelernte Bahnen ist, war besser als die Meßauflösung von 0,1 mm. Daher genügte es, jeden Versuch nur einmal durchzuführen.

6.6.3 Ergebnisse

Im Gegensatz zu Ergebnissen, die am Institut für Strahlwerkzeuge (IfSW), Stuttgart, bei Versuchen mit Linearsätzen gewonnen wurden [WAHL 90], ergab sich bei den Zirkularsätzen durch eine erhöhte Anzahl programmierter Stützstellen keine eindeutige Verbesserung der Bahngenauigkeit (Bilder 6.56 und 6.57). Die Abhängigkeit der maximalen Fehler von der Verfahrgeschwindigkeit ist nur sehr schwach ausgeprägt. Die maximalen Bahnabweichungen schwanken je nach Arbeitsposition zwischen 0,5 und 1,2 mm (Bilder 6.58 und 6.59). Die angegebene Nullpunktlage bezeichnet die relative Lage des Kreismittelpunkt zum Roboter-Bezugspunkt, der in der Mitte des Robotersockels in Bodenhöhe liegt. Teilweise waren unter dem Meßmikroskop Polygonzüge sichtbar, die mit ihren Eckpunkten jeweils auf dem Idealkreis lagen. Dadurch lag die Roboterbahn stets innerhalb des Referenzkreises. Deutliche Knicke in der Roboterbahn fanden sich bei Kreispositionen, die den Reversierbetrieb einer Grundachse erfordern. Dies betrifft vor allem die Achsen zwei und drei. An diesen Stellen liegt die Abweichung mit 0,7 bis 1,2 mm über der sonst üblichen Toleranz von 0,4 bis 0,5 mm.

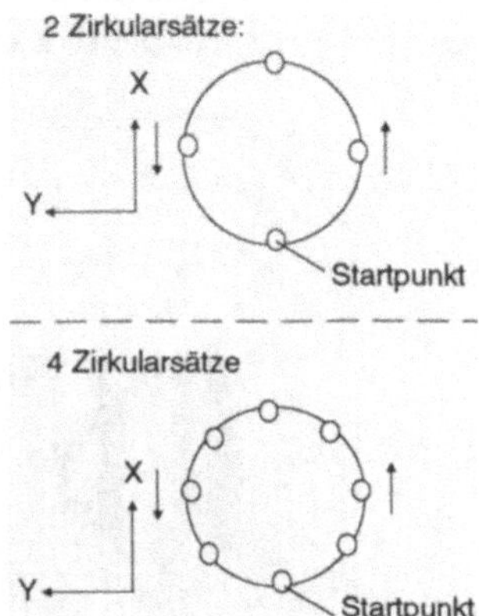

Bild 6.56:   Programmierte Bahnen mit 2 und 4 Zirkularsätzen

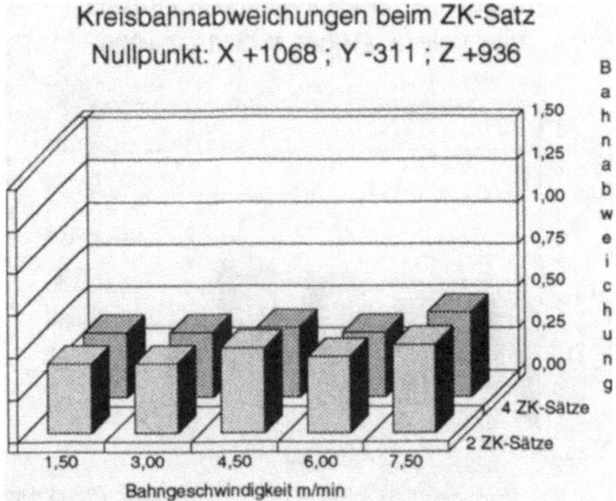

Bild 6.57:   Kreisbahnabweichungen mit 2 und mit 4 Zirkularsätzen

Im Rahmen eines Anwendungsversuchs waren Löcher mit einem Durchmesser von 5 bzw 8 mm zu schneiden. Die maximalen Bahnfehler erwiesen sich als unabhängig von der Größe des zu bearbeitenden Kreises und betrugen somit ca. zehn Prozent des Nennmaßes.

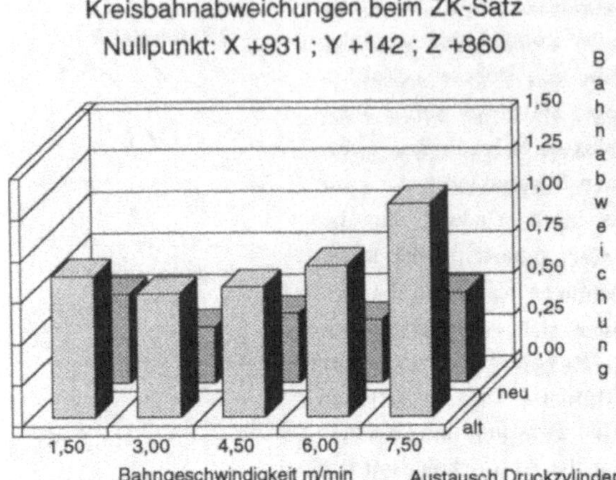

Bild 6.58:   Kreisbahnabweichungen vor und nach der Überholung des Geräts

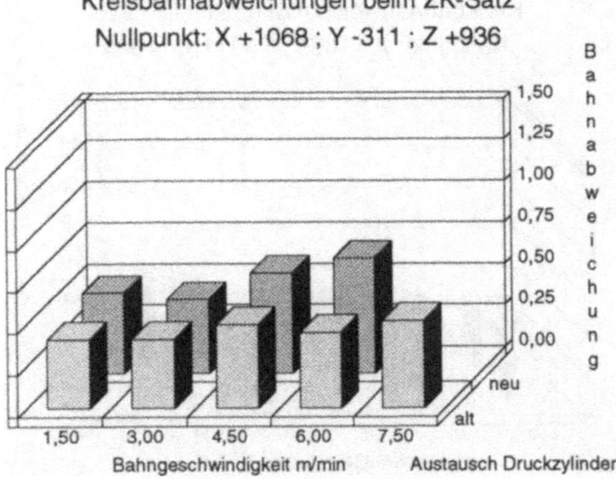

*Bild 6.59:   Kreisbahnabweichungen bei auskragender Roboterposition vor und
nach der Überholung des Geräts*

Aufgrund der durchgeführten Messungen wurde der Roboter vom Hersteller nach-
gebessert. Dazu wurden der Druckausgleichszylinder für die Achse 2 ausgetauscht
und die Tachoverstärker der Antriebe neu abgeglichen. Den deutlichen Verbesserun-
gen im Reversierbetrieb der Achsen 2 und 3 (Bild 6.58) standen leichte Verschlech-
terungen in der Achse 1 gegenüber (Bild 6.59).

Insgesamt zeigen die Messungen, daß der eingesetzte Knickarmroboter die Genauigkeitsanforderungen einer offline-Programmierung beim Laserstrahlschneiden noch nicht ganz erfüllt. Dafür sollten die Maximalabweichungen unter 0,2 mm liegen. Dies schließt aber nicht aus, daß die Anforderungen durch Nachteachen erreichbar sind. Wichtig für den Einsatz von Nahtfolgesensoren ist, daß die Umkehrspanne der Achsen 2 und 3 durch die durchgeführten Nachbesserungen deutlich verringert werden konnten. Damit lassen sich nun bei Einsatz einer entsprechenden Sensorik die Genauigkeitsanforderungen des Laserschweißens erfüllen.

6.7 Dynamische Untersuchungen an einem Laser-Portalroboter

Bessere Voraussetzungen zur Erreichung einer hohen Bahngenauigkeit, aber deutlich höhere Investitionskosten bringen Portalroboter mit. Auch bei diesen kann durch methodisches Vorgehen u. U. noch ein Verbesserungspotential aufgedeckt werden. Ein solches Vorgehen, das Betriebsmessungen und eine experimentelle Modalanalyse umfaßt, wird in diesem Kapitel anhand eines Prototyps für die Laserbearbeitung aufgezeigt. Die Traverse (y-Achse) und Pinole (z-Achse) sind in Kohlenstoffaserverstärkter (CFK-) Leichtbauweise gestaltet. Der Antrieb der x-Achse erfolgt von einem zentral angebrachten Motor aus über zwei Antriebswellen und geradverzahnte Zahnstangen (Bild 6.60).

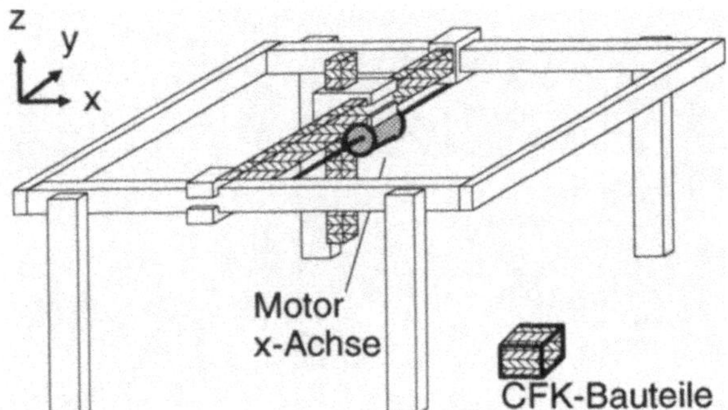

Bild 6.60:   Schematischer Aufbau des untersuchten Portalroboters

Um das dynamische Nachgiebigkeitsverhalten des Portalroboters während der Bearbeitung beurteilen zu können, wurden unterschiedliche Betriebsmessungen durchgeführt. Vorrangiges Ziel dieser Messungen war es, im Betrieb auftretende Störzustände zu erfassen. Die anschließende Aufnahme der Nachgiebigkeitsfrequenzgänge diente dazu, die kritischen Frequenzen zu ermitteln, um aus der nachfolgenden Modalanalyse die relevanten Eigenschwingungen erfassen zu können. Auf Basis der Modalanalyse erfolgte die Bestimmung der Schwachstellen und die Ermittlung entsprechender Verbesserungsmaßnahmen. Ziel war es dabei insbesondere, die dynamische Steifigkeit zu erhöhen, weil diese für einen hohen Kreisverstärkungsfaktor der Steuerung notwendig ist. Dieser wiederum ist Voraussetzung für eine hohe Bahngenauigkeit bei großen Geschwindigkeiten und für ein gutes Regelverhalten beim Einsatz von Sensorik. Nur damit läßt sich ein Hochleistungslaser effizient einsetzen.

6.7.1 Betriebsmessungen

Für die Betriebsmessungen wurden am Bearbeitungskopf die translatorischen Bewegungen in allen 3 Koordinatenrichtungen mit Beschleunigungsaufnehmern gemessen. Durch zweimalige Zeitintegration des Beschleunigssignals läßt sich das effektive Weg-Amplitudenspektrum gewinnen. Die tatsächlichen Amplituden ergeben sich daraus durch Multiplikation mit $\sqrt{2}$. Die Spektren werden im Bereich $5 - 50$ Hz dargestellt (Bild 6.61). Unterhalb 5 Hz liefern die verwendeten Beschleunigungsaufnehmer (Piezoquarze) keine auswertbaren Signale. Im Bereich oberhalb 50 Hz werden die registrierten Amplituden vernachlässigbar klein.

Die Fahrversuche in z-Richtung regen keine bemerkenswerten Schwingungen an. Dies ist vermutlich auf den gleichmäßgen Lauf des Kugelrollspindelantriebes und auf eine hohe Gestellsteifigkeit in dieser Richtung zurückzuführen. Weitaus heftiger ist die Schwingungsanregung bei Fahrten in x- und y-Richtung, wo der Antrieb über Cyclo-Getriebe und Zahnstangen erfolgt. Die größte gemessene Amplitude tritt in x-Fahrtrichtung auf bei einer Geschwindigkeit von 100 %, welches 5 m/min entspricht (Spektrum # 54, Bild 6.61). Die Amplitude bei 10 Hz beträgt 0,12 mm, was sich auf die Bearbeitungsgenauigkeit bereits auswirken dürfte. Die Querschwingungsanregungen in y-Richtung sind bei Fahrten in x-Richtung mit Amplituden unter 0,01 mm relativ gering (Spektrum # 55, Bild 6.61). Hingegen treten bei Fahrten in y-Richtung gekoppelte Schwingungen in x- und y-Richtung auf. Die größte Einzelamplitude beträgt 0,06 mm. Bei vektorieller Addierung der Wegamplituden ergibt sich eine Gesamtamplitude von 0,09 mm.

In Bild 6.62 ist der Systemregel- und -antwortkreis des x-Achsen-Antriebs schematisch aufgezeigt. Der Lageregler vergleicht den vom Stahlmaßstab am Längsträger abgelesenen Wert mit dem von der Steuerung vorgegebenen und regelt den Antrieb entsprechend der Abweichung, verstärkt um den Faktor k_V, nach. Um den Einfluß des Motors mit seiner Regelung zu erkennen, wurde die Abhängigkeit der Schwingungsamplituden und der Motorstromsschwankungen vom k_V-Faktor untersucht (Bild 6.63). Sowohl die Beschleunigungsamplitude als auch die Motorstromschwankungen steigen fast exponentiell mit dem dezimalen k_V-Faktor an. Diese Messungen fanden bei der als kritisch ermittelten Geschwindigkeit von 140 % statt. Beide Meßgrößen liegen außerhalb dieses kritischen Bereichs wesentlich niedriger.

Zusammenfassend läßt sich aus den Betriebsmessungen schließen, daß die Antriebe der x- und y-Achsen, die mit hochübersetzenden Getrieben und Zahnstangen ausgestattet sind, im Gegensatz zu denen der z-Achse (Kugelrollspindel) die Portalmaschine zu starken Schwingungen am Bearbeitungskopf anregen. Der CFK-Querbalken (y-Achse) ist ausreichend biegesteif, was sich an den geringen z-Schwingungen

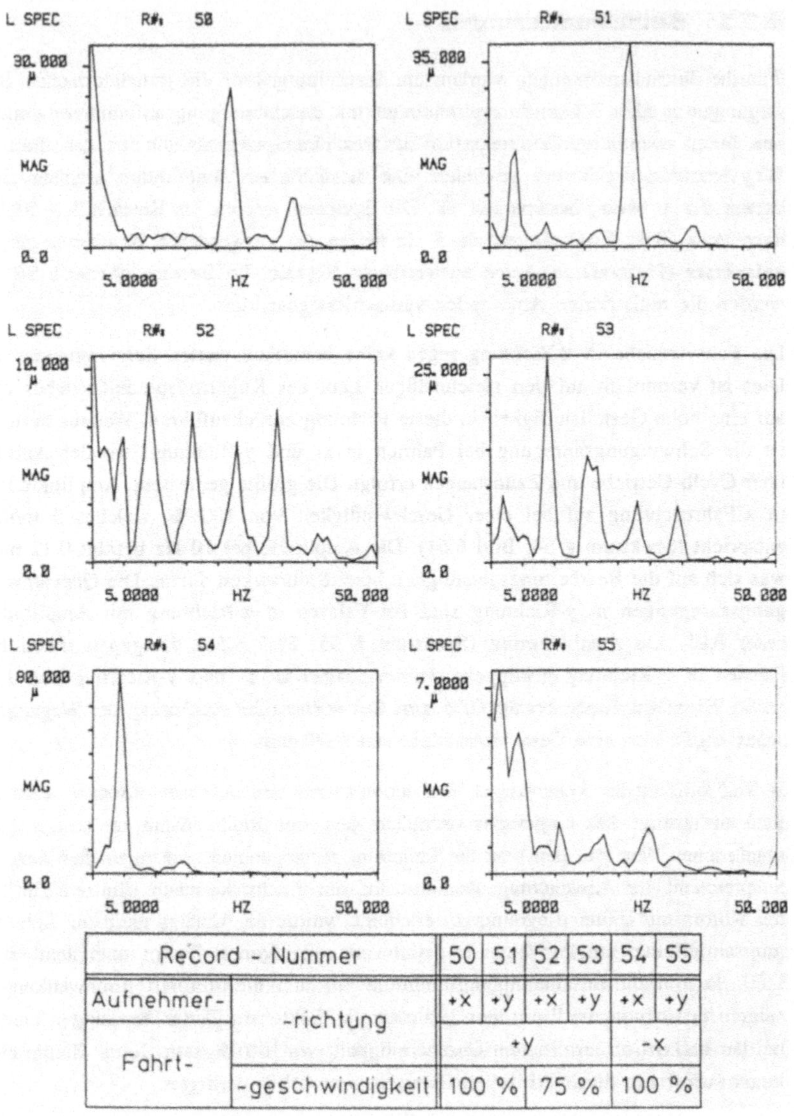

Record – Nummer			50	51	52	53	54	55
Aufnehmer-	-richtung		+x	+y	+x	+y	+x	+y
Fahrt-			+y				−x	
	-geschwindigkeit		100 %		75 %		100 %	

Bild 6.61:   Bei den Betriebsmessungen auftretende, zweifach integrierte Beschleunigungsspektren

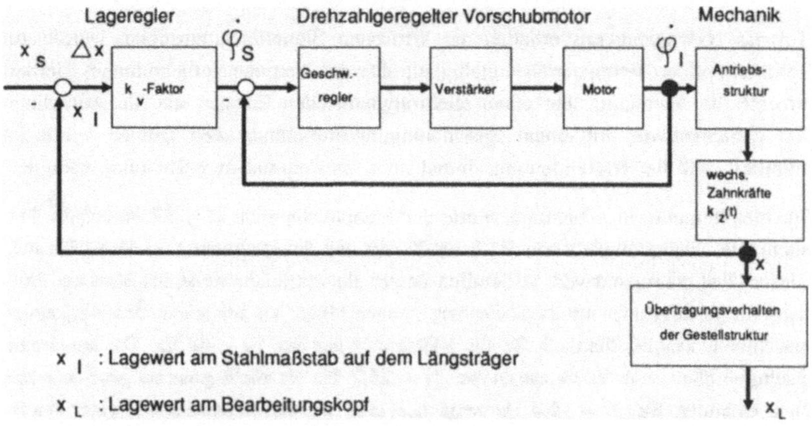

Bild 6.62: Schematik des x-Achsen-Antriebs

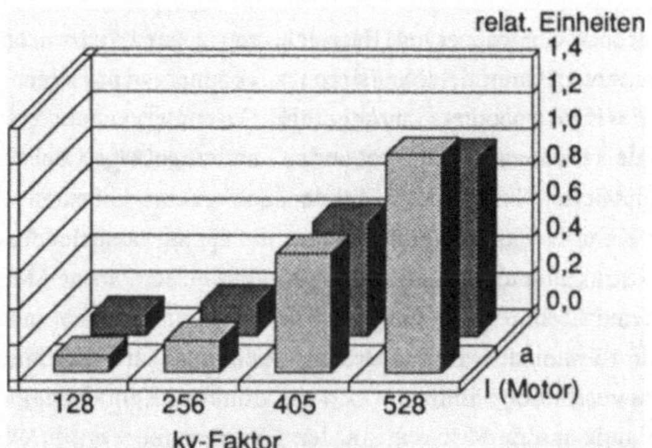

Bild 6.63: Abhängigkeit der Beschleunigungsamplituden und des Motorstroms vom k_V-Faktor

zeigt. Die gekoppelten x-y-Schwingungen bei Fahrtrichtung y deuten auf eine unzureichende Lagerung der Pinole an der Traverse oder auf eine unzureichende Steifigkeit der Stützen hin. Die relevanten Eigenfrequenzen liegen im Bereich 10 – 40 Hz und werden in der nachfolgende Modalanalyse genauer untersucht.

6.7.2 Nachgiebigkeitsfrequenzgänge

Um das Nachgiebigkeitsverhalten der kritischen Bauteile aufzuzeigen, wurde am Roboterkopf der Betrag der Nachgiebigkeit über der Frequenz aufgenommen. Hierbei erfolgte die Anregung über einen elektrodynamischen Erreger und die Aufnahme der Systemantwort mit einem Beschleunigungsaufnehmer. Der Erreger wurde so montiert, daß die Krafteinleitung einmal in x- und einmal in y-Richtung erfolgte.

Für die Messung in x-Richtung wurde der Frequenzbereich 11 − 27 Hz erfaßt. Die maximale Nachgiebigkeit von 0,13 mm/N tritt bei der Frequenz f_2 = 19,82 Hz auf. Dieser Nachgiebigkeitswert ist deutlich besser als vergleichsweise bei Montage-Portalrobotern, liegt aber um ca. 2 Zehnerpotenzen höher als bei spanenden Werkzeugmaschinen. Der Meßbereich für die y-Richtung lag bei 10 − 40 Hz. Die maximale Nachgiebigkeit von 0,036 mm/N bei f_3 = 25,7 Hz ist nicht ganz so groß wie die in x-Richtung. Bei f_1 = 15,8 Hz zeigt sich eine weitere Resonanz mit einer Nachgiebigkeit von 0,016 mm/N.

6.7.3 Experimentelle Modalanalyse

Um die wesentlichen Schwachzonen (Bereiche mit großer dynamischer Nachgiebigkeit) der untersuchten Bauteile lokalisieren zu können, wurde eine experimentelle Modalanalyse des Portalroboters durchgeführt. Darunter versteht man die Bestimmung der modalen Parameter Eigenfrequenz f_e und zugehörige Lehr'sche Dämpfung D_e, die im idealisierten Fall für alle Stellen der Struktur konstant sind, sowie die Ermittlung der Kenn-Nachgiebigkeiten N_{eFV}, die für die verschiedenen Stellenkombinationen der Struktur unterschiedliche Werte aufweisen. In der Meßpraxis erfolgt stets an einer festen Stelle F die Erregung und an verschiedenen anderen Stellen V die Messung der Systemantworten. Deshalb zieht man zur Berechnung der Kenn-Nachgiebigkeitswurzeln der Stellen V (n_{eV}) die direkte Kenn-Nachgiebigkeitswurzel n_e^* heran, die sich aus der Messung an der Erregerstelle ergibt. Werden für eine bestimmte Eigenfrequenz die Kenn-Nachgiebigkeitswurzeln n_{eV} über der Bauteilgeometrie aufgetragen, so ergeben sie die Verformungsbilder bzw. Kenn-Nachgiebigkeitswurzel-Diagramme der Eigenformen. Diese Eigenformen sind direkt proportional zu den Kenn-Nachgiebigkeitswurzeln n_{eV} und außerdem bei fester Erregerstelle F zur Kenn-Nachgiebigkeit N_{eFV} und zur Nachgiebigkeit N_{FV} an der Stelle V [KIRCH 89, EIBE 90].

Die Maschine befand sich für die Messung in einer nachgiebigen Stellung, mit der Pinole weit heruntergefahren in der Mitte der Traverse. Die Anregung erfolgte wieder sinusförmig mittels eines elektrodynamischem Erregers am Bearbeitungskopf.

Das erste Verformungsbild (Bild 6.64) gibt die Verhältnisse bei Anregung und Messung in y-Richtung für die kleinere Resonanz bei f_1 = 15,97 Hz wieder. Die Lehr'sche Dämpfung D_1 beträgt für diese Anregung nur 1,9 %; dies läßt darauf schließen, daß kaum Fügeflächen an der Dämpfung beteiligt sind, da nur diese bei den verwendeten Werkstoffen in der Lage wären, zur Dämpfung nennenswert beizutragen. Der Betrag der Nachgiebigkeit $|N_{FF}(f_1)|$ beläuft sich auf 2,2 µm/N. Die Kenn-Nachgiebigkeitswurzel n_{1F} beträgt 0,29 $\sqrt{mm/N}$. Aus dem Verformungsbild ist die Nachgiebigkeit der Pinole erkennbar. Weiterhin sieht man, daß der x-Achsen-Längsträger verformt ist (Biegung), und daß aufgrund der Hebelkräfte die Portalstützen in ihren Verschraubungen nachgeben. Bild 6.65 zeigt die Verhältnisse bei gleicher Anregungsrichtung und der höheren Resonanzfrequenz von f_3 = 26,3 Hz. Die Lehr'sche Dämpfung D_3 liegt mit 5 % deutlich höher als in den beiden anderen Fällen. Der Betrag der Nachgiebigkeit $|N_{FF}(f_3)|$ ist 0,552 µm/N. Die Kenn-Nachgiebigkeitswurzel $n_{3,F}$ beträgt 0,24 $\sqrt{µm/N}$ und liegt damit in derselben Größenordnung wie $n_{1,F}$. Hier fällt auf, daß im Gegensatz zur Resonanz bei f_1 die z-Achse und die Portalstützen gegenphasig zueinander schwingen. Wiederum zeigt sich die starke Verformung der CFK-Pinole. Der Kreuzschlitten (Verbindung von Pinole und Traverse) kippt um den Querbalken, was auf eine unzureichende Lagerung hindeutet. Der x-Achsen-Längsbalken ist weniger verformt als bei f_1, da wegen der gegenphasigen Schwingung die Massenbelastung wesentlich niedriger ist.

Bild 6.66 zeigt das Verformungsdiagramm bei Erregung in x-Richtung mit der Frequenz f_2 = 19,44 Hz. Die Lehrsche Dämpfung ist auch hier mit 2,5 % niedrig. Der Nachgiebigkeitsbetrag $|N_{FF}(f_2)|$ liegt mit 21,2 µm/N vergleichsweise hoch. Dies rührt vor allem von der nachgiebigen CFK-Pinole her sowie von den Wälzführungen derselben und denen der Traverse. Es fällt auch auf, daß die Trägerplatte der Traverse nachgibt. Die Trägerbalken der x-Achse sind ausreichend steif, denn die Nachgiebigkeit dort ist kleiner als 1 Promille verglichen mit der Erregerstelle.

Im folgenden sind die Schwachzonen mit ihren Einflüssen auf die gemessenen Eigenschwingungen zusammengefaßt:

Eigenschwingung e =	1,	2,	3
a) Kugelführung der x-Achse (auf Stahl-Balken)	-	++	++
b) Kugelführung der y-Achse (auf CFK-Horizontalbalken)	-	-	++
c) Kugelführung der z-Achse (auf Support)	+	++	++
d) Balkenbiegung des CFK-Vertikalbalkens	+	++	++
e) Knicken des x-Achsen-Längsträgers	-	+	-

Dabei bedeutet: ++   starker Einfluß, +   mittlerer Einfluß, -   kein Einfluß

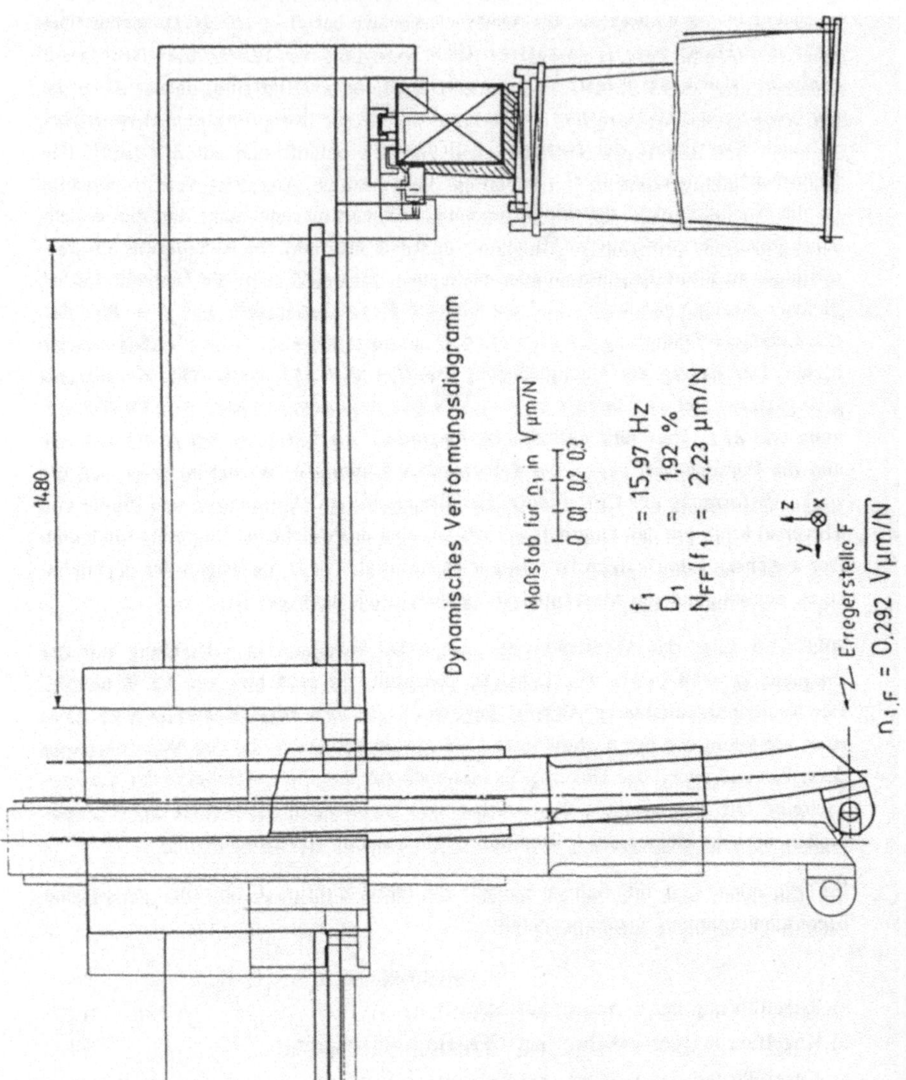

Bild 6.64:   Eigenschwingungsform bei $f_1 = 15{,}97$ Hz und Anregung in y-Richtung

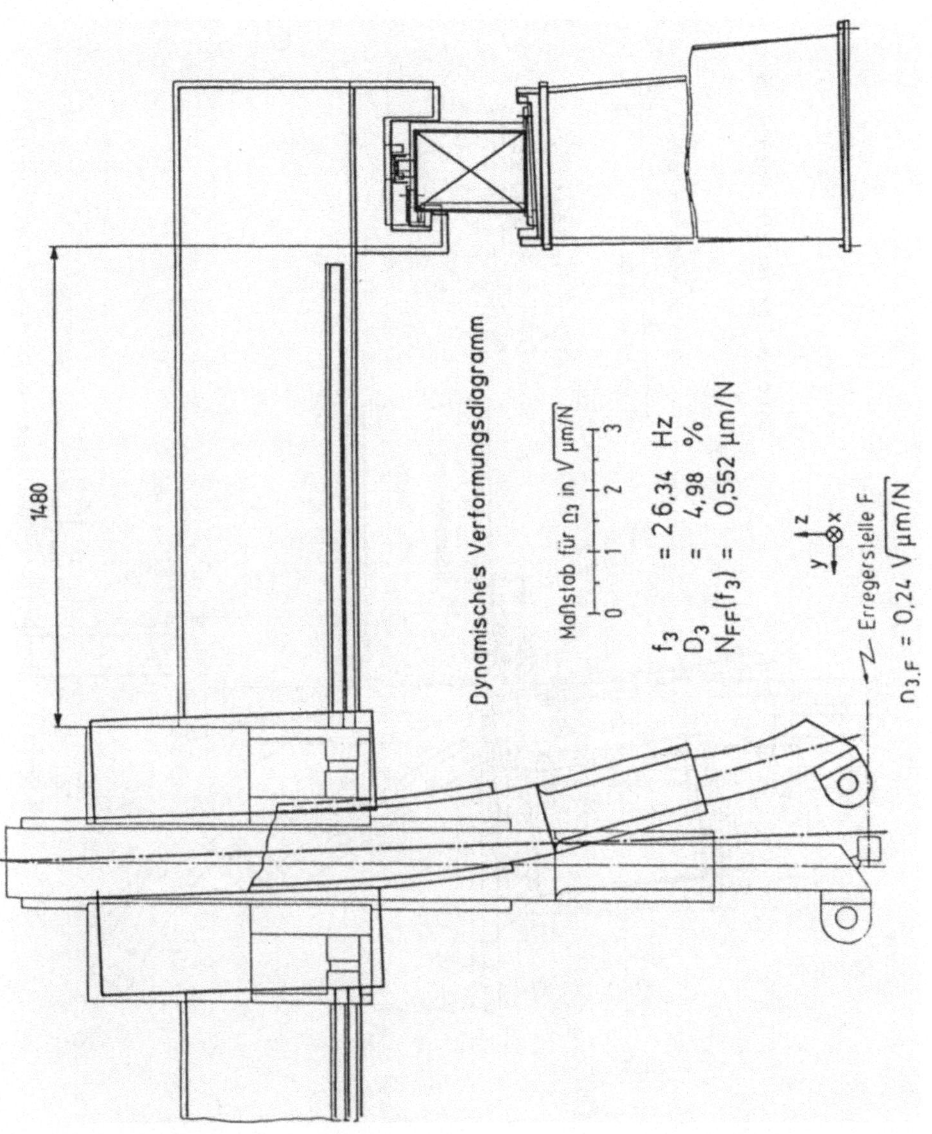

Bild 6.65:   Eigenschwingungsform bei $f_3 = 26{,}34$ Hz und Anregung in y-Richtung

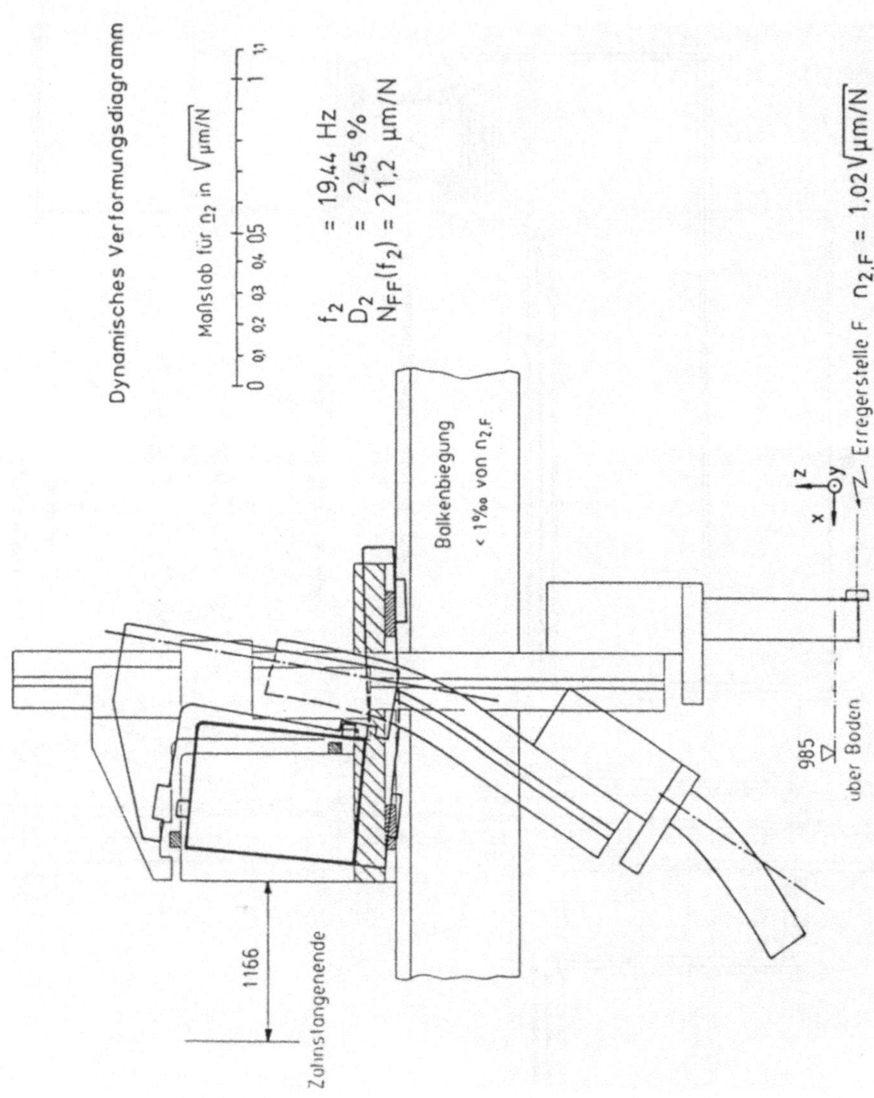

Bild 6.66:　Eigenschwingungsform bei f_2 = 19,44 Hz und Anregung in x-Richtung

6.7.4   Verbesserungsmaßnahmen

Die dynamischen Eigenschaften des Portalroboters sind auf zweierlei Weise zu verbessern:

- Erhöhung der dynamischen Steifigkeit
- Verringerung der Erregungskräfte im Betrieb

Die Erregungsfrequenz ist in diesem Fall keine optimierbare Variable, da von dem Laserroboter ein kontinuierliches Geschwindigkeitsspektrum gefordert ist.

6.7.4.1 Erhöhung der dynamischen Steifigkeit

Hierzu gibt es drei Ansätze:

Erhöhung der Steifigkeit von Einzelbauteilen

Von den Einzelkomponenten her erweist sich die Pinole der z-Achse als unterdimensioniert. In x-Richtung fällt die Unterdimensionierung deutlicher aus als in y-Richtung. Daher müßte der Querschnitt besonders in dieser Richtung erhöht werden. Die zu schwachen Trägerplatten der Traverse müssen dahingehend verstärkt und besser gelagert werden, daß sie in x-Richtung nicht mehr durchbiegen. Die Längsträger biegen in y-Richtung leicht durch. Da sie sich in z-Richtung als ausreichend steif erweisen, ist ihr Querschnitt nur in der Breite zu erhöhen. Weil die Längsträger nicht zur bewegten Masse beitragen, könnten sie und die Stützen auch in Beton ausgeführt werden, was eine bessere Dämpfung mit sich bringt.

Erhöhung der Füge- und Lagersteifigkeit

Die Kipp-Steifigkeit des Kreuzschlittens (z-Achsen-Lagerung) ist in beiden Richtungen (Kippen um x und y) ungenügend und könnte durch eine veränderte Lagerung verbessert werden. Zu erwägen ist auch die Verwendung von steiferen, linienberührenden Rollen bei den Wälzführungen an Stelle der vorhandenen punktberührenden Kugelumlaufführungen.

Veränderung der Gesamtstruktur

Wie die Bilder 6.64 und 6.65 zeigen, sind die Portalstützen nicht ausreichend steif. Aus der Modalanalyse geht nicht hervor, ob dies an den Grundfügeflächen oder am Grundgestell selbst liegt. Jedenfalls ist der vorhandene rechteckförmige Aufbau per se nachgiebig. Daher sollten, soweit dies die Zugänglichkeitsanforderungen erlauben, Diagonalstreben eingefügt oder die Steifigkeit durch eine größer dimensionierte Betonkonstruktion erhöht werden.

6.7.4.2 Verringerung der Erregungskräfte

Wie die Betriebsmessungen zeigen, treten Schwingungserregungen vor allem bei Bewegungen in x- und y-Richtung auf. Die z-Bewegung mit Kugelrollspindelantrieb ruft keine wesentliche Erregung hervor. Aus technischen und wirtschaftlichen Gründen kommen für die x- und y-Achse Kugelrollenantriebe nicht in Betracht. Eine wesentliche Verminderung der Erregung durch den Zahnflankeneingriffsstoß ist durch schrägverzahnte Zahnstangen zu erreichen. In der x-Achse wäre die Schrägverzahnung auf den beiden Längsträgern gegenläufig auszulegen, um Axialkräfte zu vermeiden. Prinzipiell mit kontinuierlicher Krafteinwirkung würden Linearmotoren arbeiten. Aber selbst wenn die Erregung im kontinuierlichen Betrieb völlig eliminiert wäre, so bliebe dennoch die Erregung durch die Trägheitskräfte beim Beschleunigen und Abbremsen des Portalroboters.

6.7.5 Zusammenfassung

Anhand der aufgezeigten Methode, der Modalanalyse, wird deutlich, wie auch bei einem bereits sehr bahngenauen Laser-Portalroboter noch Verbesserungsmöglichkeiten aufgedeckt werden können. Aus den gewonnen Erkenntnissen resultiert ein Idealkonzept für einen Portalroboter mit fliegender Optik, welches in Bild 6.67 skizziert ist. Für die industrielle Praxis muß allerdings jeweils ein Kompromiß mit den wirtschaftlichen Erfordernissen gefunden werden.

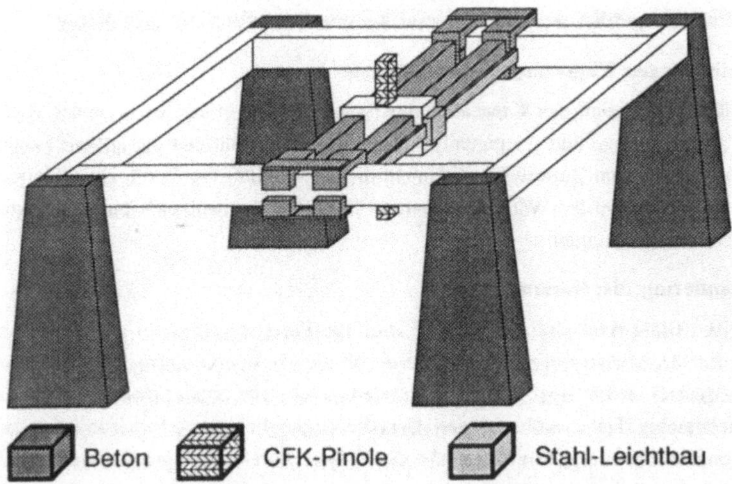

Bild 6.67:   Skizze eines "idealen" Laserroboters in Portalbauweise mit Linearantrieben der Hauptachsen

6.8   Nd:YAG-Laserroboter

Aufbauend auf den Erfahrungen mit der CO_2-Laserzelle wurde eine zweite Prototypanlage auf Basis von Industrierobotern, diesmal aber mit Nd:YAG-Laser konzipiert und im Versuchsfeld des iwb aufgebaut. Ziel war es dabei unter Gewährleistung
aller Schutzanforderungen, die das Arbeiten mit Nd:YAG-Lasern stellt, die Einsatzmöglichkeiten von Festkörperlasern mit Robotern aufzuzeigen. Dafür ist es wichtig,
einen hohen Automatisierungsgrad zu erreichen, ohne die Flexibilität hinsichtlich
des Verfahrens oder des Werkstückspektrums einzuschränken. Diese Prototypanlage
und ihre Planung sind nachfolgend beschrieben, um den erstmals bei einem Laserroboter erreichten, flexiblen Automatisierungsgrad mit seinen Detaillösungen deutlich zu machen und damit Impulse für die Realisierung neuer Laserroboteranlagen
zu geben.

6.8.1   Planung und Ausgestaltung

Die Layoutplanung der Anlage erfolgte wieder mit dem in Kap. 5 beschriebenen
Simulationssystem USIS. Dieses System dient gleichfalls zur Off-line-Programmierung der Roboter bei komplexen räumlichen Bearbeitungskonturen. Dabei wird

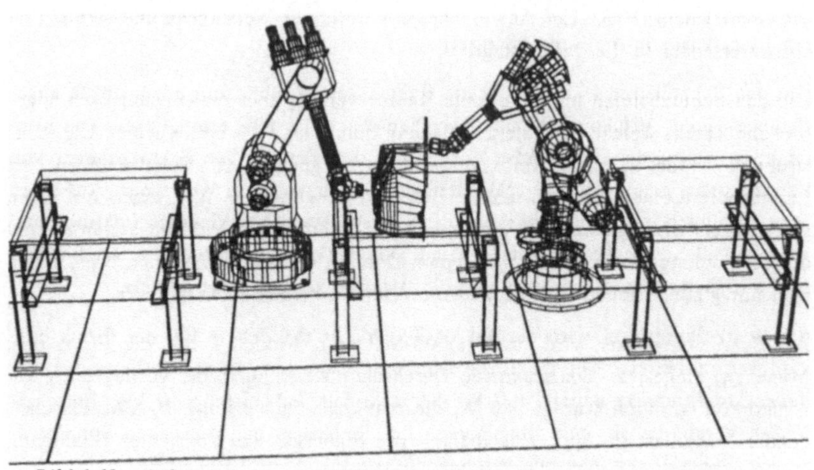

Bild 6.68:   Anlagenplanung mit Hilfe der grafischen Simulation am Beispiel einer
Tandem-Laserroboterzelle (l.: Reis RV 15, r.: KUKA 361)

ausgehend von der Werkstückgeometrie das Bewegungsprogramm für die Roboter am Bildschirm erstellt und graphisch simuliert. Für einfachere Konturen bietet sich alternativ die Möglichkeit, das Roboterprogramm in einem werkstattorientierten, textuellen Off-line-Programmiersystem auf dem PC einzugeben. In beiden Fällen wird der Zeitaufwand für die Programmerstellung erheblich reduziert. Für die Definition des Groblayouts, das die prinzipielle Anordnung der Roboter und des Materialflusses umfaßt, ist ein 2D-CAD-System ausreichend. Aber die Gestaltung des Feinlayouts, das die exakte Zuordnung der Roboter zueinander und die Optimierung ihrer Arbeitsräume umfaßt, ist nur mit Hilfe eines Simulationssystems möglich, das die Roboter in all ihren kinematischen Möglichkeiten und Einschränkungen abbildet (Bild 6.68).

Innerhalb des Laser-Schutzbereiches befinden sich zwei Knickarmroboter, und zwar ein IR-361/8.0 der Firma KUKA mit einer Siemens-RCM3-Steuerung sowie ein Industrieroboter RV15 mit einer ROBOTstar IV Steuerung der Firma Reis. Die Roboter sind mit Greiferwechselsystemen ausgestattet, um je nach aufgenommenem Aktor Bearbeitungs- oder Handhabungsaufgaben übernehmen zu können. Sie befinden sich in einer Tandemanordnung, das heißt, sie weisen überlappende Arbeitsbereiche auf und können kooperierend arbeiten. Diese Anordnung wurde gewählt, um ohne Umrüstung wahlweise eine Werkzeug- oder Werkstückbewegung oder eine Kombination beider durchführen zu können. Ein zweiter Roboter bietet darüber hinaus verbesserte Möglichkeiten zur Werkstückbeschickung; Teile, die aus einer vorhergehenden Fertigungsstufe in ungünstiger Lage palettiert sind, können innerhalb der Zelle umorientiert werden. Der Materialtransport erfolgt über ein fahrerloses Transportsystem (FTS). Zur Anwesenheitskontrolle der Werkstücke und Aktoren ist ein Lasersensor in die Zelle integriert.

Die den Schutzbereich umschließende Kabine verfügt über drei pneumatisch angetriebene Türen, welche die Palettenbeladung durch das FTS ermöglichen. Die Konstruktion wurde in einer Weise ausgeführt, die generell für Schutzkabinen von Laserrobotern einen rasch zu realisierenden, kostengünstigen Weg weist: Auf einen selbsttragenden, segmentweise demontierbaren Rahmen aus Vierkant-Stahlrohr sind die Verkleidungsbleche mit Acrylic Foam Doppelklebeband aufgeklebt. Nach außen sind nur glatte Flächen sichtbar und die Ästhetik kommt nicht zu kurz.

Als Bearbeitungslaser wird ein Nd:YAG-Slablaser (Modell P 500 der Firma mls, München) eingesetzt. Die maximale Durchschnittsleistung in der vorliegenden Resonatorkonfiguration beträgt 380 W, die maximale Pulsleistung 10 kW. Entscheidender Vorteil ist die gute Regelbarkeit des Slablasers bei konstanten Strahlparametern. Diese ermöglicht eine geschwindigkeitsabhängige Leistungsanpassung. Die

Lichtübertragung zum Roboter erfolgt durch eine Stufenindexfaser mit 0,6 mm Kerndurchmesser. Haupteinsatzgebiet ist das Schneiden.

In einer weiteren Ausbaustufe wurde zusätzlich ein gepulster Nd:YAG-Laser mit 1 kW mittlerer Leistung integriert. Der Laser (Lumonics JK 706) verfügt über zwei Kristallstäbe in Oszillator-Verstärker-Konfiguration (vgl. Bild 2.6). Der Strahl wird in eine Faser mit 1 mm Kerndurchmesser eingekoppelt. Hierbei liegt der Anwendungsschwerpunkt im Schweißen.

6.8.2 Integration in die rechnergeführte Produktion

Ein wichtiges Ziel bei der Realisierung der Anlage war das Erreichen einer hohen Einsatzflexibilität und die Gewährleistung einer hohen Verfügbarkeit. Die konstruktiv vorgesehene Flexibilität der Einzelkomponenten sollte dafür in voller Breite genutzt werden. Um das Schnittstellenproblem zu lösen, das sich von der übergelagerten Ebene aus durch den Einsatz unterschiedlicher Steuerungen ergibt, wurde der Industriestandard MAP 3.0 (Manufacturing Automation Protocol) eingesetzt (Bild 6.68).

Ziel von MAP als Standard zur Fabrikautomatisierung ist die offene Kommunikation von Geräten unterschiedlicher Hersteller. Mit MMS (Manufacturing Message Specification), der für den Anwendungsprogrammierer relevanten Schicht, bietet MAP einen breiten Dienstumfang, mit dessen Hilfe die Integration von CAM-Komponenten auf einer herstellerneutralen, anwendungsorientierten Ebene erfolgt.

Zur Steuerung und Überwachung der Zelle wird eine auf der Basis von MAP/MMS entwickelte, frei programmierbare Zellensteuerung eingesetzt. Damit ist es möglich, die zur Synchronisation der Komponenten übliche starre Verkabelung zum Teil durch eine logische Verknüpfung zu ersetzen. Dadurch ist eine einfache und schnelle Änderung in der Anlagenkonfiguration möglich, was zusammen mit der freien Zellenprogrammierung die Flexibilität der Anlage entscheidend prägt. Diese Zellensteuerung stellt gleichzeitig das Bindeglied dar zwischen der Arbeitsvorbereitung, wo die offline-Programmierung angesiedelt ist, und der Zellenebene in der Fertigung.

Die meisten Steuerungen verfügen derzeit noch nicht über MAP-Schnittstellen. Um sie dennoch an MAP anbinden zu können ist, ein sogenanntes programable network interface unit (PNIU) nötig. Dieses kann die Befehle für serielle V.24-Schnittstellen umsetzen, die heutzutage an fast allen Steuerungen vorhanden sind. Diese PNIU ist mit einem Computer (PC) unter dem Betriebssystem OS/2 realisiert. Innerhalb der Feldebene sind die Verknüpfungen über parallele Ein-/Ausgänge hergestellt. Bei zukünftigen Lösungen wird dafür ein Feldbus wie z. B. der ProfiBus zum Einsatz kommen, für den aber bislang noch keine Schnittstellen in den gängigen Steuerungen zur Verfügung stehen. Alle Zustände auf diesen parallen Ein-/Ausgängen werden von einem Parallelinterface erfaßt und über eine serielle V.24-Leitung an ein System zur Prozeßvisualisierung gemeldet. Dieses System, das mit der Software EasyMAP auf einem OS/2-Rechner realisiert wurde, verfügt seinerseits über eine MAP-Schnittstelle. Damit ist es möglich, auf Zellenebene alle Zustände der Komponenten zu überwachen und speziell bei auftretenden Störungen schnell zu reagieren.

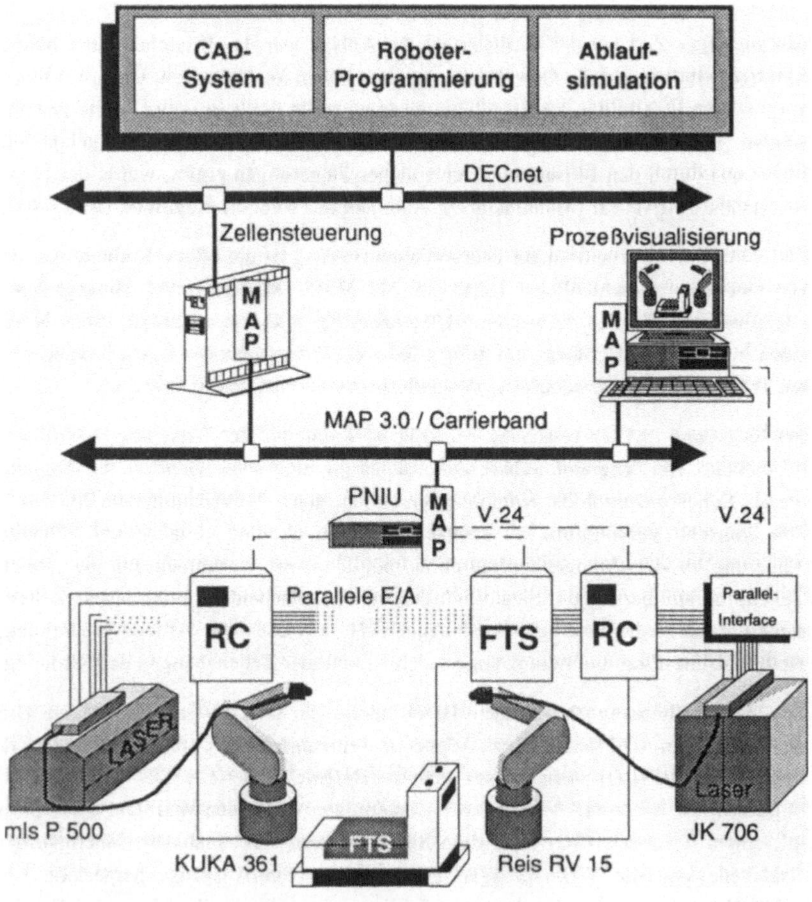

Bild 6.69:   Informationsstruktur der Tandem-Laserroboterzelle

6.8.3 Anwendungen

Das Hauptanwendungsfeld für derartige Laserroboter liegt derzeit im räumlichen Dünnblechschneiden, beispielsweise für den Prototypenbau in der Automobilindustrie. Es sind aber auch Schnitte in 5 mm dicken Baustahl mit einer Geschwindigkeit von 1 mm/s bei guter Rechtwinkligkeit und Kantenqualität möglich. Zur Abstandsregelung wird ein kapazitiver Sensor eingesetzt, wie er in Kap. 4.5 beschrieben ist. Aufgrund der kurzen Satzzykluszeiten ist es möglich, die notwendigen Korrektursignale bei nicht zu komplizierter Geometrie direkt auf die Robotersteuerung zu geben. Bei schwierigerer Oberflächentopographie, z. B. bei Sicken, ist der Einsatz einer schnell nachregelnden Zusatzachse mit elektrischem oder hydraulischem Antrieb möglich.

Mit dem 1 kW Laser werden Kehlnähte an Überlappstößen im Blechdickenbereich von 0,8 bis 2 mm mit einer Geschwindigkeit von 1,1 bzw. 0,5 m/min geschweißt. Zum Ausgleich von Toleranzen wird ein Nahtfolgesystem eingesetzt. Gerade für das Schweißen mit Festkörperlasern, die pro Watt Laserleistung hohe Betriebskosten aufweisen, haben Kehlnähte große Bedeutung, da mit ihrer Nahtkonfiguration die Laserenergie im Vergleich zu konventionellen, lagetoleranten Überlappnähten wesentlich besser ausgenutzt wird. Es muß nämlich nur ein deutlich kleineres Nahtvolumen aufgeschmolzen werden.

6.8.4 Resumé

Mit der vorgestellten Prototypanlage wird insbesondere für "Lasereinsteiger" ein Weg gewiesen, wie die Laserbearbeitung vergleichsweise einfach auf der Basis von Industrierobotern in die Fertigung eingegliedert werden kann. Die verschiedensten Schneid- und Schweißaufgaben lassen sich, wie dargelegt, durchführen. Voraussetzung ist die Adaption geeigneter Sensorik. Unter diesen Bedingungen eröffnen sich auch in der rechnerintegrierten Produktion neue Möglichkeit für das flexible Werkzeug Laserstrahl. Diese konnten in der realisierten Anlage erstmals in einem größeren Umfang angerissen werden. Kennzeichen sind beispielsweise die Offline-Programmierung und die Kommunikation auf Basis standardisierter Protokolle. Diese Standardisierungsbemühungen müssen auch für die Feldebene weiter vorangetrieben werden, um das Endgerät Laser kommunikationstechnisch ohne individuellen Anpaßaufwand integrieren zu können. Sind die Hemmschwellen für die Einführung des Lasers erst einmal erniedrigt, werden in Zukunft auch spezielle Laserroboter einen leichteren Markteintritt haben.

7 Kosten- und Energiebilanz

7.1 Einleitung

Die Kostenrechnung bildet die Grundlage zur Wirtschaftlichkeitsanalyse der Produktion. Sie dient der Betriebsdisposition, also beispielsweise der Investitionsplanung, sowie der Betriebskontrolle. Auch für die räumliche Laserbearbeitung muß die Kostenrechnung Basis der Investitionsentscheidung sein. Dennoch kommen je nach Bearbeitungsverfahren weitere, z. Z. nur schwer monetär quantifizierbare Entscheidungsfaktoren hinzu. Diese betreffen vor allem die erreichbare Produktqualität und insbesondere beim Schneiden die Einsatzflexibilität. Im allgemeinen stellen das Schneiden und das Schweißen ganz unterschiedliche Anforderungen an die notwendigen Vorrichtungen für ein bestimmtes Produkt, was sich entsprechend auf die Sondereinzelkosten der Fertigung (SEF) auswirkt.

Allgemein kennzeichnend für die Laserbearbeitung ist ein hoher Fixkostenanteil. Die variablen Kosten sind dagegen relativ gering. Gerade der hohe Fixkostenanteil zwingt zu einer hohen Auslastung der Anlage. Stimmt auch das organisatorische Umfeld, so kann eine hohe Auslastung durch Mehrschichtbetrieb oder bei wechselnden Produkten durch Ausnutzen der Verfahrensflexibilität erreicht werden. Ist dies nicht möglich, so ist zu prüfen, ob durch eine externe Fertigung im Lohnauftrag eine schwankende Fertigungsauslastung abgefangen werden kann.

7.2 Vergleich zwischen CO_2- und Nd:YAG-Laserrobotern

Im Verhältnis der fixen zu den variablen Kosten gibt es zwischen den zwei wichtigsten Lasertypen Unterschiede: Laserroboter mit Nd:YAG-Laser weisen insgesamt geringere Investitionskosten, aber höhere Betriebskosten als solche mit CO_2-Lasern auf. Der Verschleiß der teuren Blitz- oder Bogenlampen richtet sich nach der tatsächlichen Strahlzeit, während die Betriebsgase des Gaslasers bei den heutigen Konstruktionen zusätzlich in den Phasen der Betriebsbereitschaft verbraucht werden. Dennoch fallen dafür in der Regel geringere Kosten an.

Im folgenden ist eine grobe Beispielrechnung angeführt, die den Unterschied in den Kosten veranschaulichen soll. Sie soll nur als Richtschnur dienen und kann daher keine generelle Aussage über die Wirtschaftlichkeit eines Laserroboters machen.

Zunächst erfolgt die Berechnung für eine **Schneidanlage**. Es sind gegenübergestellt:

① Laser-Portalroboter mit 1,5 kW CO$_2$-Laser und integrierter Strahlführung,

② Knickarm-Industrieroboter (30 kg Traglast) mit 1,5 kW CO$_2$-Laser und externer Strahlführung,

③ Knickarm-Industrieroboter (8 kg Traglast) mit Nd:YAG-Laser (mittlere Leistung 0,5 kW, Pulsleistung 10 kW) und Glasfaserkabel.

Die schneidbare Materialart und -stärke sind für alle drei Anlagen mehr oder minder gleich. Unterschiede gibt es hinsichtlich des möglichen Arbeitsbereiches und der Genauigkeit. Für den Nd:YAG-Laser reicht ein kleinerer Industrieroboter mit 8 kg Traglast, der einen geringeren Arbeitsraum und niedrigere Investitionskosten aufweist als das 30 kg Gerät, das notwendig ist, um ein Spiegel-Strahlführungssystem zu tragen. Für diesen Vergleich wurde ein 0,5 kW YAG-Laser gewählt, weil diese Leistungsklasse noch mit einem Kristall und einer Pumpkammer zu realisieren ist, und die nächst höhere Leistungsklasse gleich deutlich höhere Investitionskosten erfordert. Die zwei Anlagen mit Industrierobotern müssen im Gegensatz zum Portal speziell ausgelegt werden, wofür zusätzliche Kosten anfallen. Alle Zahlen sind Schätzwerte und müssen bei einem konkreten Vergleich, der stark vom Werkstückspektrum und den sonstigen Randbedingungen abhängt, genauer ermittelt werden. Die eingesetzten Daten beruhen teils auf eigener Erfahrung sowie auf Berechnungen der Fa. Rofin-Sinar und von Semrau [SEMR 89].

Um eine Beispielberechnung der Stückkosten angeben zu können, wurde eine charakteristische Bearbeitungsaufgabe angenommen. Die Beladezeit für dieses typische Werkstück mit 10 Einstichen und einer insgesamt zu schneidenden Länge von 5 m sei für alle Anlagen gleich und betrage 10 s. Dies ist bei aufgespannten Teilen mit Wechseltischen erreichbar. Weitere 3,3 m fallen als Positionierstrecken an, die von allen drei Anlagen mit einer mittleren Eilganggeschwindigkeit von 20 m/min bewältigt werden. Daraus resultieren Positionierzeiten von jeweils 10 s. Der CO$_2$-Laser benötigt pro Einstich 1 s, der Nd:YAG-Laser weniger als 0,1 s.

Laserrobotertyp: (Kosten in DM)	① CO_2- Portal	② CO_2- Knickarm	③ Nd:YAG- Knickarm
Typ. Arbeitsbereich in m:	3x1,5x1	2x1x1	1,5x1x1
Typ. absolute Genauigkeit in mm:	0,1	0,5	0,5
Wiederholgenauigkeit in mm:	besser 0,1	0,1	0,1
Typische Schnittgeschwindigkeit in m/min für ein räumliches Bauteil aus 1 mm Stahl (begrenzt durch Laserleistung und Maschinendynamik)	5	3	2
Laser	250.000	250.000	320.000
Führungsmaschine	1000.000	180.000	150.000
Strahlführung inkl. Anbringung	inkl.	100.000	inkl.
Sensorik	inkl.	20.000	20.000
Auslegung	inkl.	10.000	10.000
Hilfsaggregate:			
Kühlung	10.000	10.000	inkl.
Absaugung	inkl.	10.000	10.000
Infrastruktur:			
Stromanschluß	10.000	10.000	10.000
Gasversorgung	10.000	10.000	1.000
Investitionssumme:	1280.000	600.000	521.000
Abschreibung (auf 5 Jahre mit 1600 h Betriebsdauer pro Jahr)			
pro Jahr	256.000	120.000	104.200
pro Stunde	160	75	65
Kalkulatorische Zinsen (10 % p. a.)			
pro Jahr	64.000	30.000	26.050
pro Stunde	40	19	16
Kapitalkosten pro Stunde	200	94	82
Raumkosten (bei unterschiedlichem Arbeitsraum und Platzbedarf):			
pro Jahr	8.000	6.000	4.000

Laserrobotertyp: (Kosten in DM)	① CO$_2$- Portal	② CO$_2$- Knickarm	③ Nd:YAG- Knickarm
Raumkosten pro Stunde	5	4	3
variable Betriebskosten (pro Stunde):			
Wartung u. Instandhaltung	16	12	7
Stromkosten	5,5	5	7,5
Betriebsgase	3	3	-
Blitzlampen	-	-	8
Arbeitsgas (O$_2$)	9	9	9
(zum Vergl. N$_2$ Hochdruck)	(20)	(20)	(20)
Summe Betriebskosten	33,5	29	31,5
Maschinenstundensatz:			
Einschichtbetrieb	239	127	117
Zweischichtbetrieb	136	78	74
Dreischichtbetrieb	100	62	60
Maschinenbelegungszeit pro Musterteil:	90 s	150 s	170 s
Stückkosten bei voller Auslastung (ohne Personal, Programmierung u.ä.)			
Einschichtbetrieb	6	5,3	5,5
Zweischichtbetrieb	3,4	3,2	3,5
Dreischichtbetrieb	2,5	2,6	2,8

Bei dem gewählten Musterwerkstück liegen die Stückkosten für die 3 völlig unterschiedlichen Anlagen erstaunlich nahe beieinander. In die Stückkosten gehen in starkem Maße die erreichbaren Schnittgeschwindigkeiten ein. Bei komplizierten Geometrien hängt die erreichbare Geschwindigkeit mehr von der Führungsmaschine als vom Laser ab. Dies kann eine Entscheidung für den Nd:YAG-Laser begünstigen. Ähnlich verhält es sich, wenn viele Einstiche notwendig sind. Auch hier weist der Nd:YAG-Laser eindeutige Vorteile auf, da er eine viel höhere Pulsleistung aufweist und besser in das Material einkoppelt. Bei einfachen Geometrien wiederum ist der Industrieroboter mit externer Strahlführung und CO$_2$-Laser im Vorteil. Er erreicht dann annähernd die gleichen Schnittgeschwindigkeiten wie der Portallaser, ist aber von der Investition her wesentlich günstiger. Generell gilt, daß wenn die Nebenzeiten groß, oder die Positionierstrecken lang sind, die Industrieroboter im Vergleich zum Portalroboter im Vorteil sind, weil bei ihnen die Fixkosten deutlich niedriger liegen.

Wenn allerdings die absoluten Genauigkeitsanforderungen hoch sind, d.h. im Bereich von 0,1 mm, dann gibt es keine andere Wahl als den Portalroboter. Gerade bei off-line-programmierten Geräten zählt die absolut erreichbare Genauigkeit. Ein Knickarmroboter kann nur durch Nachteachen auf diese Genauigkeit gebracht werden, was aber bei den meist vorherrschenden kleinen Stückzahlen in der Praxis kaum machbar ist.

Ein ähnlicher Vergleich erfolgt nun für eine **Schweißanlage**. Es sind gegenübergestellt:

④ Laser-Portalroboter mit 5 kW HF-angeregtem CO_2-Laser und integrierter Strahlführung,

⑤ Knickarm-Industrieroboter mit 5 kW HF-angeregtem CO_2-Laser und externer Strahlführung,

⑥ Knickarm-Industrieroboter mit gepulstem Nd:YAG-Laser (1 kW mittlere Leistung, 10 kW Pulsspitzenleistung) und Glasfaserkabel.

Die schweißbare Materialart und -stärke (z. B. max. 8 mm austenitischer Stahl) ist wieder für alle drei Anlagen ähnlich. Vorteile weist der Nd:YAG-Laser in der Möglichkeit auf, Aluminium zu verschweißen. Die erreichbaren Vorschubgeschwindigkeiten sind entsprechend der geringeren Leistung niedriger als beim CO_2-Laser. Stärkere YAG-Laser, für den Dünnblechblechbereich idealerweise cw-Laser, sind derzeit in Europa nicht verfügbar.

Unterschiede gibt es wieder bei den Robotern hinsichtlich der Tragkraft, des Preises, des möglichen Arbeitsbereiches und der Genauigkeit, wobei letztere beim Schweißen weniger kritisch ist als beim Schneiden. Laserschweißanlagen gibt es, anders als -schneidanlagen nicht als Serienmaschinen. Daher fallen hier jeweils Kosten für die Auslegung an. Bei YAG-Lasern liegen sie wegen der einfacheren Strahlführung niedriger als bei CO_2-Lasern.

Für eine Beispielberechnung der Stückkosten wurde die folgende Bearbeitungsaufgabe angenommen. Die Beladezeit für das hier gewählte Musterwerkstück mit zwei Schweißungen à 30 cm betrage für alle Anlagen 30 s. Weitere 3,3 m fallen als Positionierstrecken an. Diese werden von allen drei Anlagen mit einer mittleren Eilganggeschwindigkeit von 20 m/min bewältigt. Daraus resultieren Positionierzeiten von jeweils 10 s. Der typische Arbeitsbereich und die typische Genauigkeit sind wie bei den Schneidanlagen, wobei jedoch Toleranzen durch eine Schweißnahtfolgesensorik abgefangen werden.

Laserrobotertyp: (Kosten in DM)	④ CO_2- Portal	⑤ CO_2- Knickarm	⑥ Nd:YAG- Knickarm
Typische Schweißgeschwindigkeit in m/min für ein räumliches Bauteil aus 2 mal 1 mm Stahl (begrenzt durch Laserleistung und Maschinendynamik)	5	4	1
Schweißzeit in s	7,2	9	36
Taktzeit in s	47	49	76
Laser	800.000	800.000	500.000
Führungsmaschine	1000.000	180.000	150.000
Strahlführung	inkl.	80.000	inkl.
Sensorik	100.000	100.000	100.000
Auslegung	30.000	30.000	20.000
Kühlung	10.000	10.000	10.000
Absaugung	inkl.	10.000	10.000
Stromanschluß	30.000	30.000	10.000
Gasversorgung	10.000	10.000	1.000
Investitionssumme: Abschreibung (auf 5 Jahre mit 1600 h Betriebsdauer pro Jahr)	1980.000	1250.000	801.000
pro Jahr	396.000	250.000	160.200
pro Stunde	248	156	100
Kalkulatorische Zinsen (10 % p. a.)			
pro Jahr	99.000	62.500	40.050
pro Stunde	62	39	25
Kapitalkosten pro Stunde	309	195	125
Raumkosten (unterschiedlicher Platzbedarf): pro Jahr	8.000	6.000	4.000

Laserrobotertyp: (Kosten in DM)	④ CO_2- Portal	⑤ CO_2- Knickarm	⑥ Nd:YAG- Knickarm
Raumkosten pro Stunde	5	4	3
variable Betriebskosten (pro Stunde):			
Wartung u. Instandhaltung	25	17	14
Stromkosten	16	15	15
Betriebsgase	9	9	-
Blitzlampen	-	-	20
Arbeitsgas (Ar)	9	9	9
(zum Vergl. He)	(20)	(20)	(20)
Summe Betriebskosten	59	51	58
Maschinenstundensatz:			
Einschichtbetrieb	368	246	183
Zweischichtbetrieb	213	149	120
Dreischichtbetrieb	162	116	102
Maschinenbelegungszeit pro Musterteil:	47 s	49 s	76 s
Maschinenkosten/Stück			
Einschichtbetrieb	4,8	3,3	3,9
Zweischichtbetrieb	2,8	2	2,5
Dreischichtbetrieb	2,1	1,6	2,2

Diese Zahlen verdeutlichen, daß Laseranlagen auf Basis von Industrierobotern eine
wirtschaftlich interessante Alternative darstellen, wenn ihr Arbeitsraum genügend
groß ist. Der Nd:YAG-Laser weist vor allem bei kurzen Schweißnähten Vorteile
auf. Beim Schweißen können im allgemeinen etwas größere Toleranzen als beim
Schneiden verkraftet werden. Die Wiederholgenauigkeit von guten Industrierobotern
liegt innerhalb dieser Toleranzen. Die Absolutgenauigkeit ist für eine offline-Programmierung oft nicht ausreichend. Das bedeutet, daß evtl. am Bauteil nachgeteacht
oder ein Nahtfolgesensor eingesetzt werden muß. Letzterer ist aber auch bei Portalrobotern wegen der Bauteiltoleranzen oft untentbehrlich.

7.3 Bedeutung der Verfügbarkeit

Gerade wegen der hohen Investitionskosten ist eine hohe Auslastung der Anlage und daher eine hohe organisatorische und technische Verfügbarkeit notwendig. In einem Fertigungsumfeld stellt ein Laserroboter meist das technologisch modernste Gerät dar. Bei allgemeinen Anstrengungen zur Gewährleistung einer hohen Verfügbarkeit geht die Aufmerksamkeit, die der technisch anspruchvollsten Anlage gewidmet ist, häufig zu Lasten anderer konventioneller Fertigungseinrichtungen. Daher müssen die Maßnahmen hierzu den speziellen Anforderungen der Lasertechnik Rechnung tragen, ohne die sonstigen Instandhaltungsmaßnahmen einzuschränken.

Dies betrifft zum einen die Mitarbeiterschulung. Hierbei ist weniger ein Verständnis der physikalischen Wirkprinzipien als vielmehr die Kenntnis aller vorbeugenden Wartungsarbeiten und des steuerungstechnischen Zusammenhangs zwischen Strahlquelle und Roboter vonnöten. Eine falsch angelegte, nur nach den Laserprinzipien ausgerichtete Schulung kostet Zeit und Geld ohne große erkennbare Vorteile. Zum Vergleich: Es muß ein guter Dreher auch nicht die Lenzsche Regel beherrschen, die für den Antrieb der Elektromotoren in der Drehmaschine sorgt, um hochwertige Qualität zu produzieren und die Verfügbarkeit der Maschine hoch zu halten.

Zum anderen müssen die technischen Rahmenbedingungen einer angestrebten hohen Verfügbarkeit Rechnung tragen. Dies wird durch eine sorgfältige Arbeitsplanung unterstützt, die, wie im Kapitel 5 dargestellt, mit den Hilfsmitteln der Simulation mögliche Fehlerquellen von vorne herein reduziert. Ein weiterer Faktor der technischen Verfügbarkeit rührt von der Sicherheitstechnik her. Hier ist es wichtig, die Sicherheitskreise kaskadenartig auszulegen.

7.4 Energiewirtschaftliche Betrachtung

In der heutigen Zeit gewinnt die Frage des Energieverbrauchs eine immer größere Bedeutung. Daher sind Bearbeitungsverfahren, die wie der Laser viel Energie benötigen, zunächst zu hinterfragen. Auf Grund seines physikalischen Prinzips hat der Laser nur einen sehr geringen Wirkungsgrad. Dennoch kann er in der Gesamtenergiebilanz der Fertigung zu günstigeren Werten führen als klassische Bearbeitungsverfahren. Dies kommt vor allem dann zum Tragen, wenn durch den Lasereinsatz Material und damit Primärenergie gespart werden kann. Dies ist beim ebenen Laserschneiden meist der Fall. Im Vergleich zu anderen Verfahren, wie beispielsweise dem Nibbeln, kann nämlich enger verschachtelt und damit der Verschnitt reduziert werden. Aber auch beim Schweißen ergibt sich ein Einsparpotential in der Energiebilanz, wie das folgende Beispiel zeigt.

Zur Abschätzung der möglichen Energieeinsparung bei Anwendung eines Laserbearbeitungsverfahrens wird im folgenden als Beispiel die Herstellung der Außenhülsen von Anlassermotoren dargestellt. Die Hülsen werden aus einseitig beschichtetem Blech gebogen. Bei der bisherigen konventionellen Fertigung wurden sie anschließend verklammert. Mit dem Laser wird das gebogene Blech im Stumpfstoß verschweißt. Das hat folgende Vorteile:

- Die Klammern können entfallen, was 6 % des gesamten Materials ausmacht.

- Die Wandstärke des Bleches kann wegen der geschlossenen Naht von 2 auf 1,8 mm reduziert werden. Das bedeutet zusätzlich 10 % Materialersparnis.

- Die anschließende Lackierung ist wegen der geschlossenen Oberfläche einfacher.

Daten zum Anlassergehäuse:

Maße des Gehäuses: r = 100 mm, l = 150 mm

Gewicht des Gehäuses in 2 mm Wandstärke:	740 g
Gewicht des Gehäuses in 1,8 mm Wandstärke:	667 g
Gewichtsunterschied:	74 g
Preis für 1 t Blech 2 mm:	930 DM
Preis für 1 t Blech 1,8 mm:	950 DM
Preisunterschied pro Gehäuse nur durch die Gewichtsersparnis:	6 Pfg

Energiebilanz:

Durch die Materialreduktion spart man 10 % der aufgewandten Energie für die Roheisen- und Stahlerzeugung ein. Der Energieaufwand für die konventionelle Fertigung wurde für diesen konservativen Vergleich vernachlässigt.

Energieverbrauch zur Herstellung eines Kilos Stahl:	58 MJ
Energiedifferenz durch Verwendung des dünneren Bleches:	4,3 MJ

Geschweißt wird mit einem 2 kW-Laser und einer Geschwindigkeit von 6 m/min. Das entspricht 100 mm/min. Die Schweißnaht ist 150 mm lang. Die Schweißdauer beträgt demnach 1,5 s. Der Gasverbrauch liegt bei ca. 30 l/min Argon. Der Laser hat eine Leistungsaufnahme von ca. 50 kW.

Energieaufwand für die Laserschweißnaht:	75 kJ
Energieersparnis pro Gehäuse durch den Lasereinsatz:	4,2 MJ

Wie man an diesem einfachen Beispiel sieht, spielt eine potentielle Materialersparnis eine Schlüsselrolle in der Bilanz des gesamten Primärenergiebedarfs. Im Vergleich dazu spielt selbst der hohe Enegieverbrauch für den Laser eine untergeordnete Rolle. Daher bietet der Lasereinsatz häufig neben Kosten- und Qualitätsvorteilen auch Vorteile in der Gesamt-Energiebilanz der Produktion.

8 Zusammenfassung und Ausblick

Die Laserbearbeitung wird in ihrer Bedeutung für die industrielle Produktion weiterhin stark zunehmen. Die Wachstumsraten für Lasermaterialbearbeitungssysteme liegen bei über 10 %. Die wichtigsten Laserquellen für diese Sparte werden auf absehbare Zeit der CO_2- und der Nd:YAG-Laser bleiben. Zwar wird auch in Zukunft die häufigste Anwendung von CO_2-Lasern das Schneiden von Flachblechen sein; aber dennoch ist mit einer überproportionalen Zunahme der räumlichen Bearbeitung zu rechnen. Diesem Trend über die Ebene hinaus in die dritte Dimension kann der Nd:YAG-Laser noch leichter folgen, da er mittels Glasfaser an die verschiedensten 3D-Bearbeitungsmaschinen adaptiert werden kann. Für beide Lasertypen ist daher die Verbindung mit Robotern von wachsender Bedeutung.

Die vorliegende Arbeit trägt dieser Entwicklung Rechnung. Sie beschreibt die Kombinationsmöglichkeiten von Lasern mit Robotern. Dabei wird auf die wichtigsten Typen von Lasern und Robotern eingegangen. Die möglichen Bearbeitungsverfahren werden gleichfalls erörtert. Das Anwendungspotential der Laserroboter ist durch die hohen Maschinensätze begrenzt. Um die wirtschaftlichen Voraussetzungen für deren Einsatz zu verbessern, wurden zwei Ansatzpunkte verfolgt: Erstens die Entwicklung rechnergestützter Hilfsmittel, die die auftretenden Nebenzeiten drastisch reduzieren können. Zweitens der Aufbau von Laserbearbeitungszellen auf Basis vergleichsweise preiswerter Standard-Industrieroboter.

Bei den rechnergestützten Hilfsmitteln handelt es sich um ein off-line Programmiersystem mit grafischer Benutzerschnittstelle und um eine Technologie-Datenbank. Eine Besonderheit der grafisch unterstützten Off-line-Programmierung ist, daß sie die Simulation gekoppelter Kinematiken, wie beispielsweise eines Roboters mit externer Strahlführung, ermöglicht. Bei beiden Rechnerhilfsmitteln wird großer Wert darauf gelegt, den Menschen mit seinen kognitiven Fähigkeiten miteinzubeziehen und ihm die Kontrolle über die geometrische und technologische Programmierung zu ermöglichen. Denn gerade für eine junge Technologie gibt es einerseits noch wenig formalisierbares Wissen, andererseits existieren bislang keine Regelgenerierungs-Algorithmen, die den Menschen in seinen Fähigkeiten, Regeln zu deduzieren, übertreffen könnten.

Die Einsatzmöglichkeiten von Industrierobotern zur Laserbearbeitung werden nicht nur theoretisch erörtert, sondern auch an zwei Prototyp-Anlagen mit CO_2- und Nd:YAG-Lasern aufgezeigt. Die letztere von beiden ist dadurch ausgezeichnet, daß sie einen sehr hohen Automatisierungsgrad bei gleichzeitiger Wahrung der Einsatzflexibilität aufweist. Dabei sind neben der Rechnerunterstützung die Aspekte Kommissionierung, Materialfluß, Werkstückhandhabung sowie sensorgeführte Bearbeitung berücksichtigt. Die Konkurrenzfähigkeit solcher Lösungen wird abschließend durch eine Kostenrechnung nachgewiesen.

9. Literaturverzeichnis

ALAV 89   *Alavi, M; Lorenz, M.; Bütgenbach, S*: Lichtemission während des Laserschweißprozesses, Laser und Optoelektronik 21/3 (1989) S.69

ALEJ 85   *Alejnikov, V.S. et al*: "Fibreoptic cable for CO and CO_2 Laserpower transmission". Optics and Laser Technology Aug. 1985 S. 213 - 214.

AKHT 88   *Akhter, R.; Steen, W.M.; Cruciani, D.*: Laser weding of zinc coated steel. In: Hügel H.(Hrsg.) Lasers in Manufacturing, Proceedings of the 5th international conference 1988, Springer , 1988, S.195-206

AMEN 85   *Amende, W.*: Härten von Werkstoffen und Bauteilen des Maschinenbaus mit dem Hochleistungslaser. Technologie Aktuell 3. VDI Verlag, 1985.

ARAT 81   *Arata, Y.; Maruo, H.; Miyamoto, I. und Takeuchi S.*: Quality in Laser-Gas-Assisted-Cutting Stainless Steel and its Improvement. In: Transachtions of JWRI, Welding Research Institute of Osaka University, Japan, Vol. 10 (1981) 2, S. 1 - 11.

ARLT 88   *Arlt, A.*: Vergleichende Betrachtungen zur Fokussierung von CO_2-Laserlicht mit Linsen und Spiegeloptiken.In: Waidelich W. (Hrsg.) Laser/Optoelektronik in der Technik 1987, Springer Verlag, 1988, S.488-492

BECH 87   *Bechmann, L.H.J.F.*: Sensorvorlauf und Bahnfolgestrategie beim sensorgeführten Bahnschweißen mit Industrierobotern, In: Vortragsband Aachener Kolloquium Schweißen mit Robotern aps 1987, Seite 62 ff

BENN 90   *Bennecke, R.*:

BERG 87   *Bergmann; Schaefer*: Lehrbuch der Experimentalphysik, Band III Optik, Walter de Gruyter, 1987, S.888-911

BAKO 86   *Bakowsky, L.*: Trennen von Metallen mit dem CO2-Laser. In: Der Laser als Werkzeug in der Metallbearbeitung. VDI Technologiezentrum Physikalische Technologien, Sep.1986 S. 1-14

BRAN 91   *Branch, H.*: Welding With High Power Pulsed and CW Nd:YAG-Lasers. Photonics Spectra (9) Vol. 25, S. 107 - 112.

BROD 90   *Brodén, G., Taje, R.*: "Lasergas - richtig behandelt". LASER, November 1990. S. 266 - 268.

BRUNN 87   *Brunner, W.*: Lasertechnik Eine Einführung. Hüthig, 1987.

CLEE 87   *Cleemann, L.* (Hrsg): Schweißen mit CO_2-Hochleistungslasern, VDI-Verlag, 1987

DAUS 90   *Dausinger, F.; Beck, M.; Lee, J. H.; Meiners, E.; Rudlaff, T.; Shen, J.*: Energy Coupling in Surface Treatment Processes. Journal of Laser Applications 3, Summer 1990.

DICK 89   *Dickmann, K.*: Untersuchungen über den Einsatz von Hochleistungsla-
            sern zum Trennen von Elektroblechen. Fortschr.-Ber. VDI Reihe 2 Nr.
            187. Düsseldorf: VDI-Verlag 1989.

DICK 90   *Dickmann, K.*: "Sealed CO_2-Laser für die Materialbearbeitung - das
            Ergebnis langjähriger Entwicklung". Laser Magazin 5 (1990) 24 - 28.

DONA 84   *Donati, V.* et al.: AAIA 17th Fluid Dynamics, Plasma Dynamics and
            Lasers Conf., Paper AIAA-84-1573, 25.-27. Juni 1984

DONA 89   *Donati, V.; Garifo, L.; Pandarese, F*: On the Possibility of using backs-
            cattered radiation as process control parameter in laser metal interaction,
            DVS-Berichte 99

DREW 84   *Drews, P., Starke, G., Willms, K.*: Stand der Sensorentwicklung für
            Schutzgasschweißroboter. Schweißen und Schneiden 36 (1984), Heft 4.
            S. 166-172

DREW 87   *Drews, P., Wagner, R. Willms, K.*: Sind in der Sensortechnik wesentliche
            Fortschritte zu erwarten? Schweißen und Schneiden 39 (1987), Heft 4.
            S. 171-175

DU 88   *Du, K.; Loosen, P.; Herzinger, G.*: Untersuchung der Fokussierung von
            Laserstrahlung mit Off-Axis Parabol-Spiegeln. In: Waidelich W. (Hrsg.)
            Laser/Optoelektronik in der Technik 1987, Springer Verlag, 1988, S.478-
            482

DVS 89   Laserstrahltechnologien in der Schweißtechnik. DVS-Verlag Düsseldorf
            1989.

EIBE 90   *Eibelshäuser, P.*: Rechnerunterstützte experimentelle Modalanalyse mit-
            tels gestufter Sinusanregung. iwb Forschungsberichte 26. Springer, Ber-
            lin 1990.

EICH 89   *Eichler, J. ; Hodgson, N.*: "Slab-Laser-Technologie - Ein Überblick. In:
            Laser Magazin 4 (1989) S. 12-18.

EINS 17   *Einstein A.*: Zur Quantentheorie der Strahlung. Z. Phys. 18 (1917)
            121-128.

ELS 90   N.N.,.ELS GmbH: "Sämaschine für Nd:YAG-Laser". Laser Magazin 5
            (1990) 54.

ENEF 81   *Eneff, T.*: Thermodynamische Modelle zum Härten und Schneiden mit
            Laserstrahlen. Dissertation Braunschweig 1981

FRAU 91   Fraunhofer-Institut für Lasertechnik Aachen (G.Herziger): Symposium
            des ILT, Prozeßüberwachung und Qualitätssicherung in der Lasermate-
            rialbearbeitung, 27.-28.2.1991 in Aachen.

FRIN 89   *Frings, Prange*: Bearbeitung von ebenen und räumlichen Teilen aus
            Stahl-Feinblech, Laser Magazin 2/89 S.18-24

FUNK 90   *Funk, G.; Müller, W.*: Temperature controlled laser hardening in indu-
            strial precision manufacturing. In: Tagungsband ECLAT 90, Erlangen,
            September 1990.

GARN 89A   *Garnich, F.*: "Parameter aus der Datenbank". LASER-Markt (1989). 24-26.

GARN 89B   *Garnich, F.*: "Roboter führt Laserstrahl". Fertigung 6 (1989) S. 42-44.

GARN 89C   *F. Garnich, H. Schwarz*:: "Durchbruch in der Fertigungstechnik". Fertigung 10 (1989) S. 74-80.

GARN 90A   *Garnich, F., Schwarz, H.*: "Laser führt Laser - Intelligenter Schweißnahtfolgesensor beschleunigt Laserstrahlschweißen". Roboter 5/90 (1990) S.14

GARN 90B   *Garnich, F., Schwarz, H.*: Laserrobotic for 3D-cutting and welding, International Congress on Optical Science and Engineering ECO 3 Den Haag 1990.

HART 90   *Hartwig, A.; Kutzner, R.; Jurca, M.*: Laser On-Line überwachen mit dem Laser Welding Monitor LWM, S.20, Laser-Magazin 4/90 (1990)

GATZ 88   *Gatzweiler, W.; Maischner, D.; Beyer, E.*: Messung von Plasmadichtefluktuation und Schallemission beim Laserstrahlschweißen zur Prozeßüberwachung, S.64, Laser und Optoelektronik 20 (1988) 5

GATZ 90   *Gatzweiler, W.; Maischner, D.; Faber, F.J.; Juchem, S.; Beyer, E.*: Process Monitoring and Process Control of Laser Beam Welding, S.655, WAIDELICH, Wilhelm (Hrsg.): Laser/Optoelektronik (9. Int. Kongreß München 1989). Berlin: Springer 1990

GIES 88   *Giesen, A.; Borik, S.; Schreiner, U.; Dausinger, F.*: Vermessung fokussierender Systeme für Hochleistungs-CO_2-Laser. In: Waidelich W. (Hrsg.) Laser/Optoelektronik in der Technik 1987, Springer Verlag, 1988, S.483-487

HAFE 81   *Haferkorn, P.; Schwarz, W.*: "Steuerungskonzepte für Industrieroboter". Messen, Steuern, Regeln 24 (1981), Heft 5 Seite 286 - 288.

HAMA 90   *Hamann, C.*; Läßiger, B.: Berührungslose Schallemissionsanalyse beim Laserpunktschweißen, S.590, WAIDELICH, Wilhelm (Hrsg.): Laser/Optoelektronik (9. Int. Kongreß München 1989). Berlin: Springer 1990

HENN 90   *Henning, H.-H.; Diedrichsen, F.*: Ströungsmaschinen als Umwälzgebläse für Gaslaser. In: Laser Magazin 5 (1990) S. 19 - 22.

HERZ 88   *Herziger, G.*: Grundlagen der Materialbearbeitung mit CO_2-Hochleistungslasern, VDI-Berichte 535, 1988

HEYD 89   *Heyden, J.; Nilsson, K.; Magnusson, C.*: Laser welding of zinc coated steel. In: W.M. Steen (Hrsg.) Lasers in Manufacturing, Proceedings of the 6th international conference 1989, Springer Verlag, 1989, S.93-104

HOFF 90   *Hoffmann, P.; Biermann, S.; Geiger, M.; Nuss, R.*: Three Dimensional CO_2-Laser Material Processing with Gantry Machine Systems. In: Proc. of the Int. Cong. on Opt. Sc. and Eng., SPIE 1276, The Hague, March 1990.

IFFL 90   *Iffländer, R.*: Festkörperlaser zur Materialbearbeitung. Springer, Berlin 1990

IMHO 88   *Imhoff, R.; Behler, K.; Gatzweiler, W.; Beyer, E.*: Laser beam welding in car body making. In: Hügel H.(Hrsg.) Lasers in Manufacturing, Proceedings of the 5th international conference 1988, Springer, 1988, S.247-258

ISRA   Produktinformation "ISRA-Vision" ISRA Systemtechnik GmbH, Schöfferstr. 15, 6100 Darmstadt

JAHN 70   *Jahn, R.*: Grundlagen der Faseroptik. Feinwerktechnik 12 (1970) 524

JÜPT   *Jüptner, W.* u.a.: Schneiden mit CO_2-Laserstrahlen hoher Leistung; DVS-Berichte 63

KIRC 89   *Kirchknopf, P.*: Ermittlung modaler Parameter aus Übertragungsfrequenzgängen. iwb Forschungsberichte 20. Springer, Berlin 1989.

KÖLB   *Kölbl, W. R.*: "Meta Torch 200" Technische Betriebsanleitung Englische Originalfassung, J.P. Moore Meta Machines Ltd., 9 Blacklands Way, Abingdon Industrial Park Abingdon, Oxford OX 141 DY, England

KOPF 28   *Kopfermann, H.; Ladenburg R.*: Experimenteller Nachweis der negativen Dispersion. In: Z. Phys. Chemie Abteilung A 139 (1928) 375-385.

KRAM 88   *Kramer, R.; Beyer, E.; Loosen, P.; Herziger, G.*: Strahldiagnostik an fokussierter und unfokussierter Laserstrahlung. In: Waidelich W. (Hrsg.) Laser/Optoelektronik in der Technik 1987, Springer Verlag, 1988, S.358-363

LAUE 87   *Lauer, P.*: Sensorik-Schnittstellen bei modernen Industrierobotersteuerungen. Vortragsband Aachener Kolloquium Schweißen mit Robotern aps März 1987. S. 149

MAIR 89   *Mair, H.*: Thermische Schneidverfahren, Autogenes Brennschneiden, Plasma-Schmelzschneiden, Laserstrahlschneiden - ein technologischer und wirtschaftlicher Vergleich. DVS-Berichte Band 109. S. 3 - 14.

MAIR 89   *Mair, H.; Herrmann, J.*: Einfluß der Sauerstoffreinheit auf die Schneidgeschwindigkeit und die Schneidkosten beim Laserstrahlbrennschneiden. DVS-Berichte Bd. 123. S. 2 - 11

MEYE 90   *Meyer-Kobbe, C.*: Randschichthärten mit Nd:YAG- und CO_2-Lasern. Fortschr.-Ber. VDI Reihe 2 Nr. 193. Düsseldorf: VDI-Verlag 1990.

MILB 90   *Milberg, J.; Garnich; F., Schwarz, H.*: CAD-/CAM-Kopplung einer 3D-Laserbearbeitungsanlage. In: WAIDELICH, W. (Hrsg.): Laser/Optoelektronik (9. Int. Kongreß München 1989). Berlin: Springer 1990, S. 586

MIYA 83   *Miyamoto, H.; Marou, Y.; Arata, Y.*: Proc. of the Int. Conf. on Welding Research in the 1980's (JWRI, Osaka 1983) S.103

NIEP 84   *Niepold, R.; Brümmer, F.*: Nahtverfolgung und Prozeßparameterbeeinflussung beim Lichtbogenschweißen unter Einsatz visueller Sensoren. Vortragsband zum Aachener Kolloqium: Schweißen mit Robotern April 1984, Seite 218-237

NUSS 90   *Nuss, R.; Diehl, T. F. E.*: "High Power setzt neue Akzente in der Produktion". Laser-Praxis Oktober 1990 ISSN 0937-7069. S. LS 86.

OLDE   Unterlagen der Firma Oldelft "Seampilot" Franke & Co. Optik GmbH, Postfach 5420, 6300 Gießen/Lahn

PATE 64   *Patel*: C.K.N. Phys. Rev. 136 (1964) 1187

POWE 86   *Powell, J.* u.a.: Optimisation of pulsed Laser Cutting of Mild Steel; Procedings of the 3rd Internatinal Conference on Lasers in manufacturing, Paris 1986

READ 78   *Ready, J. F.*: Industrial Applications of Lasers, Academic Press, 1978, S.39-45

RIPP 84   *Rippen, G.* u. a.: Werkstoffbearbeitung mit Laserstrahlung, F & M 92 (1984) 6 Teil 5: Fokussierung der Laserstrahlung am Beispiel des CO_2-Lasers

ROCK 87   *Rockstroh, T.J.; Mazumder, J.*: Spectroscopic studies of plasma during cw laser materials interaction, J.Appl.Phys 61(3), (1987), S.917

ROSE 89   *Rose, R.*: Am Markt vorbei. In: Laser - Entwicklung und industrielle Anwendung 1 (1989) 18-20.

ROTH 80   *Rothe, R.*: Beitrag zur Optimierung des thermischen Schneidens mit CO_2-Hochleistungslasern; VDI-Fortschrittsberichte Reihe 2: Fertigungstechnik Nr. 113

ROTH 86   *Rothe, R.; Jüptner, W.; Sepold, G.*: Erfahrungen mit Spiegeloptiken bei der Werkstoffbearbeitung mit Hochleistungslasern. In: Waidelich W. (Hrsg.) Laser/Optoelektronik in der Technik 1985, Springer Verlag, 1986, S.326-329

SAKU 82   *Sakuragi, S.*: Polycrystalline KRS-5 infrared fibers for power transmission". SPIE Vol. 320 Advances in Infrared Fibres II (1982), S. 2 - 8.

SCAT 90   *Scatena, D. J., Herrit, G. L.*: How to avoid contamination problems in CO_2 laser optics. Laser Focus World Dec. 1990.

SCHÄ 89   *Schäfer, P.*: Metalle gepulst flexibel und präzis schneiden; Laserpraxis, 1989/6S. 255-259

SCHE 86   *Schellhorn, M.; Nowack, R.; Roth, G.*: Diagnostics of laser-metal interaction during welding, Proc. of the 3rd Int. Conf. on Lasers in Manufacturing (1986)

SCHR 89   *Schraft, R. D.*: Leichter in der Roboterhand. In: VDI-Z 131 1989/6, S. 84-91

SCHR 90   *Schraft, R., König, M.*: Laserzelle aus Stuttgart. In: LASER (5) 1990, S. 112 - 115.

SEMR 88   *Semrau, H.*: Oxidfreier Laserschnitt; Laser 1988/4; S.30-33

SEMR 89   *Semrau, H.*: Erzeugen von oxidfreien Schnittflächen durch Laserstrahl-schneiden. Dissertation Universität Hannover 1989.

SOKO 88   *Sokolowski, W.; Herziger, G.; Beyer, E.*: Spectral plasma diagnostics in welding with CO_2-lasers, Proc. SPIE 88 Hamburg

SOKO 89   *Sokolowski, W.; Herziger, G.; Beyer, E.*: Spectroscopic study of laser-induced plasma in the welding process of steel and aluminum, Proc. SPIE 89 Paris

TAUB 90   *Tauber, A.*: Modellbildung kinematischer Strukturen als Komponenten der Montageplanung. iwb Forschungsberichte. Springer Berlin 1990.

TÖNS 89   *Tönshoff, H.K.; Beske, E.U.; Meyer, C.:* Laserstrahlschweißen mit kw Nd:YAG Laser und Lichtleitfaser. In: WAIDELICH, W. (Hrsg.): Laser/Optoelektronik (9. Int. Kongreß München 1989). Berlin: Springer 1990, S. 567

TÖNS 90   *Tönshoff, H.K.; v. Alvensleben, Rosenthal*: "CO_2-Laser-Materialbear-beitung". Laser und Optoelektronik 1 (1990)

TREIB 81   *Treiber H.*: Lasertechnik. Erech-Verlag, 1981

TREI 90   *Treiber, H.*: Der Laser in der industriellen Fertigungstechnik. Hoppen-stedt, Darmstadt 1990.

TREU 84   *Treuenfels, v. A.*: Bahnschweißen durch berührungsloses Nahtfolgesy-stem "NWAL" Vortragsband zum Aachener Kolloqium Schweißen mit Robotern 16.-17. April 1984, Seite 201-215

TRUC 83   *Truckenbrodt, E.*: Lehrbuch der angewandten Fluidmechanik; Springer Berlin 1983

STAR 89   *Start, W.; Deimann, R.; Habenicht, G.*: Untersuchungen zum Einsatz der Schallemissionsanalyse (SEA) bei der Überwachung des Laserpunkt-schweißprozesses, S.314, Opto Elektronik Magazin, 5 (1989) 3

STEE 83   *Steen, W. M.* u.a.: Laser Cutting. Laser Materials Processing edited by M.Bass 1983; North-Holland

UHLE 89   *Uhlenbusch, J.; Zhan, Z. B.*: "Hochleistungs-CO_2-Laser mit Mikrowel-lenanregung". In: Opto Elektronik Magazin Vol. 5 7/8 (1989) S. 628-633.

URBA 89   *Urban, B.*: High-Power YAG-Lasers: A Processing Alternative. Industri-al Laser Review May 1989.

VDI 90   VDI-Gesellschaft Produktionstechnik (Hrsg.): Materialbearbeitung mit dem Laserstrahl im Geräte- und Maschinenbau, VDI-Verlag, 1990

VINK 90   *Vinke, T.*: Beitrag zum Lasertrennen und dessen Aerosolemissionen bei Eisenwerkstoffen. Fortschritt Berichte VDI 5, Nr. 204. VDI-Verlag, Düsseldorf 1990.

WAHL 90   *Wahl, R.; Bloehs, W.; Dausinger, F.*: Genauigkeitsanforderungen beim Laserstrahlschweißen mit Industrierobotern. In: WAIDELICH, W. (Hrsg.): Laser/Optoelektronik (9. Int. Kongreß München 1989). Berlin: Springer 1990, S. 558.

WECK 90   *Weck, M., Krauhausen, M., Hermanns C.*: Analyse des Verformungsverhaltens optischer Komponenten während der Lasermaterialbearbeitung. Fraunhofer-Institut für Produktionstechnologie 1990.

WEER 85   *Weerashinge, V.M.; Steen, W.M.*:In-Process monitoring of laser processes, S.107, Proc. Int. Conf. on Applications of Lasers and Electro-Optics (1985)

WEGM 90   *Wegmann, S.; Mordicke, B. L.*: Remelting and alloying of Aluminum an Al-Si-Alloys by laser beams. Tagungsband ECLAT 90, Erlangen, September 1990.

WEID   Produktinformationen "Lasermatic Sensorsysteme, Taktiler Nahtsensor für das Schweißen mit Robotern, Induktive Sensorsysteme" der Weidmüller GmbH & CO., Baden-Baden

WIRT 84   *Wirth, P.* u.a.: Neueste Trends beim Schneiden und Schweißen mit CO_2-Lasern in der metallverarbeitenden Industrie. Optoelektronik in der Technik. In: Waidelich, W. (Hrsg.): Vorträge des 6. Int. Kongr. "Laser 83/Optoelektronik"; Springer 1984

WOLL 85   *Wollermann-Windgasse, R.*: "Hochfrequenzangeregte CO_2-Laser für die industrielle Fertigung". In: Laser Magazin 4 (1985).

WRBA 90   *Wrba, P.*: Simulation als Werkzeug in der Handhabungstechnik. iwb Forschungsberichte 25. Springer, Berlin 1990.

ZEISS   Fa. ZEISS: Produktinformation zum Strahlführungssystem SFS06

iwb Forschungsberichte

Berichte aus dem Institut für Werkzeugmaschinen und Betriebswissenschaften
der Technischen Universität München

Herausgeber: Prof. Dr.-Ing. J. Milberg

1 **Streifinger, E.**
Beitrag zur Sicherung der Zuverlässigkeit und Verfügbarkeit
moderner Fertigungsmittel
1986. 72 Abb. 167 Seiten, ISBN 3-540-16391-3   68,- DM

2 **Fuchsberger, A.**
Untersuchung der spanenden Bearbeitung von Knochen
1986. 90 Abb. 175 Seiten, ISBN 3-540-16392-1   68,- DM

3 **Maier, C.**
Montageautomatisierung am Beispiel des Schraubens mit
Industrierobotern
1986. 77 Abb. 144 Seiten, ISBN 3-540-16393-X   68,- DM

4 **Summer, H.**
Modell zur Berechnung verzweigter Antriebsstrukturen
1986. 74 Abb. 197 Seiten, ISBN 3-540-16394-8   68,- DM

5 **Simon, W.**
Elektrische Vorschubantriebe an NC-Systemen
1986. 141 Abb. 198 Seiten, ISBN 3-540-16693-9   68,- DM

6 **Büchs, S.**
Analytische Untersuchungen zur Technologie der Kugelbearbeitung
1986. 74 Abb. 173 Seiten, ISBN 3-540-16694-7   68,- DM

7 **Hunzinger, I.**
Schneiderodierte Oberflächen
1986. 79 Abb. 162 Seiten, ISBN 3-540-16695-5   68,- DM

8 **Pilland, U.**
Echtzeit-Kollisionsschutz an NC-Drehmaschinen
1986. 54 Abb. 127 Seiten, ISBN 3-540-17274-2   68,- DM

9 **Barthelmeß, P.**
Montagegerechtes Konstruieren durch die Integration
von Produkt- und Montageprozeßgestaltung
1987. 70 Abb. 144 Seiten, ISBN 3-540-18120-2   68,- DM

10 **Reithofer, N.**
Nutzungssicherung von flexibel automatisierten Produktionsanlagen
1987. 84 Abb. 176 Seiten, ISBN 3-540-18440-6   68,- DM

11 **Diess, H.**
Rechnerunterstützte Entwicklung flexibel automatisierter
Montageprozesse
1988. 56 Abb. 144 Seiten, ISBN 3-540-18799-5   73,- DM

12 Reinhart, G.
Flexible Automatisierung der Konstruktion
und Fertigung elektrischer Leitungssätze
1988, 112 Abb. 197 Seiten, ISBN 3-540-19003-1   73,- DM

13 Bürstner, H.
Investitionsentscheidung in der rechnerintegrierten Produktion
1988, 77 Abb. 190 Seiten, ISBN 3-540-19099-6   73,- DM

14 Groha, A.
Universelles Zellenrechnerkonzept für flexible Fertigungssysteme
1988, 74 Abb. 153 Seiten, ISBN 3-540-19182-8   73,- DM

15 Riese, K.
Klipsmontage mit Industrierobotern
1988, 92 Abb. 150 Seiten, ISBN 3-540-19183-6   73,- DM

16 Lutz, P.
Leitsysteme für rechnerintegrierte Auftragsabwicklung
1988, 44 Abb. 144 Seiten, ISBN 3-540-19260-3   73,- DM

17 Klippel, C.
Mobiler Roboter im Materialfluß eines flexiblen Fertigungssystems
1988, 86 Abb. 164 Seiten, ISBN 3-540-50468-0   73,- DM

18 Rascher, R.
Experimentelle Untersuchungen zur Technologie der Kugelherstellung
1989, 110 Abb. 200 Seiten, ISBN 3-540-51301-9   73,- DM

19 Heusler, H.-J.
Rechnerunterstützte Planung flexibler Montagesysteme
1989, 43 Abb. 154 Seiten, ISBN 3-540-51723-5   73,- DM

20 Kirchknopf, P.
Ermittlung modaler Parameter aus Übertragungsfrequenzgängen
1989, 57 Abb. 157 Seiten, ISBN 3-540-51724   73,- DM

21 Sauerer, Ch.
Beitrag für ein Zerspanprozeßmodell Metallbandsägen
1990, 89 Abb. 166 Seiten, ISBN 3-540-51868-1   78,- DM

22 Karstedt, K.
Positionsbestimmung von Objekten in der Montage-
und Fertigungsautomatisierung
1990, 92 Abb. 157 Seiten, ISBN 3-540-51879-7   78,- DM

23 Peiker, St.
Entwicklung eines integrierten NC-Planungssystems
1990, 66 Abb. 180 Seiten, ISBN 3-540-51880-0   78,- DM

24 Schugmann, R.
Nachgiebige Werkzeugaufhängungen für die automatische Montage
1990. 71 Abb. 155 Seiren, ISBN 3-540-52138-0   78,- DM

25 **Wrba, P**
Simulation als Werkzeug in der Handhabungstechnik
1990, 125 Abb., 178 Seiten, ISBN 3-540-52231-X   78,- DM

26 **Eibelshäuser, P.**
Rechnerunterstützte experimentelle Modalanalyse
mitells gestufter Sinusanregung
1990, 79 Abb., 156 Seiten, ISBN 3-540-52451-7   78,- DM

27 **Prasch, J.**
Computerunterstützte Planung von chirurgischen Eingriffen
in der Orthopädie
1990, 113 Abb., 164 Seiten, ISBN 3-540-52543-2   78,- DM

28 **Teich, K.**
Prozeßkommunikation und Rechnerverbund in der Produktion
1990, 52 Abb., 158 Seiten, ISBN 3-540-52764-8   78,- DM

29 **Pfrang, W.**
Rechnergestützte und graphische Planung manueller
und teilautomatisierter Arbeitsplätze
1990, 59 Abb., 153 Seiten, ISBN 3-540-52829-6   78,- DM

30 **Tauber, A.**
Modellbildung kinematischer Stukturen
als Komponente der Montageplanung
1990, 93 Abb., 190 Seiten, ISBN 3-540-52911-X   78,- DM

31 **Jäger, A.**
Systematische Planung komplexer Produktionssysteme
1991, 75 Abb., 148 Seiten, ISBN 3-540-53021-5   78,- DM

32 **Hartberger, H.**
Wissensbasierte Simulation komplexer Produktionssysteme
1991, 58 Abb., 154 Seiten, ISBN 3-540-53326-5   78,- DM

33 **Tuczek H.**
Inspektion von Karosseriepreßteilen auf Risse und Einschnürungen
mittels Methoden der Bildverarbeitung
1992, 125 Abb., 179 Seiten, ISBN 3-540-53965-4   88,- DM

34 **Fischbacher, J.**
Planungsstrategien zur strömungstechnischen Optimierung
von Reinraum-Fertigungsgeräten
1991, 60 Abb., 166 Seiten, ISBN 3-540-54027-X   78,- DM

35 **Moser, O.**
3D-Echtzeitkollisionsschutz für Drehmaschinen
1991, 66 Abb., 177 Seiten, ISBN 3-540-54076-8   78,- DM

36 **Naber, H.**
Aufbau und Einsatz eines mobilen Roboters mit
unabhängiger Lokomotions- und Manipulationskomponente
1991, 85 Abb., 139 Seiten, ISBN 3-540-54216-7   78,- DM

37 **Kupec, Th.**
Wissensbasiertes Leitsystem zur Steuerung flexibler Fertigungsanlagen
1991, 68 Abb., 150 Seiten, ISBN 3-540-54260-4   78,- DM

38 Maulhardt, U.
Dynamisches Verhalten von Kreissägen
1991, 109 Abb., 159 Seiten, ISBN 3-540-54365-1   78,– DM

39 Götz, R.
Stukturierte Planung flexibel automatisierter Montagesysteme
für flächige Bauteile
1991, 86 Abb., 201 Seiten, ISBN 3-540-54401-1   78,– DM

40 Koepfer, Th.
3D- grafisch-interaktive Arbeitsplanung – ein Ansatz
zur Aufhebung der Arbeitsteilung
1991, 74 Abb., 126 Seiten, ISBN 3-540-54436-4   78,– DM

41 Schmidt, M.
Konzeption und Einsatzplanung flexibel automatisierter
Montagesysteme
1992, 108 Abb., 168 Seiten, ISBN 3-540-55025-9   88,– DM

42 Burger, C.
Produktionsregelung mit entscheidungsunterstützenden
Informationssystemen
1992, 94 Abb., 186 Seiten, ISBN 5-540- 55187-5   88,– DM

43 Hoßmann, J.
Methodik zur Planung der automatischen Montage von nicht
formstabilen Bauteilen
1992, 73 Abb., 168 Seiten, ISBN 3-540-5520-0   88,– DM

Die Bände sind im Erscheinungsjahr und in den folgenden drei Kalenderjahren
zu beziehen durch den örtlichen Buchhandel
oder durch Lange & Springer, Otto-Suhr-Allee 26-28, D-Berlin 10